KB178819

과학공화국 수학법정

1

수학의 기초

과학공화국 수학법정 1

수학의 기초

초판 1쇄 발행일 | 2005년 2월 4일
초판 27쇄 발행일 | 2023년 5월 1일

지은이 | 정완상
펴낸이 | 정은영
펴낸곳 | (주)자음과모음

출판등록 | 2001년 11월 28일 제2001-000259호
주소 | 10881 경기도 파주시 회동길 325-20
전화 | 편집부 (02)324-2347, 경영지원부 (02)325-6047
팩스 | 편집부 (02)324-2348, 경영지원부 (02)2648-1311
e-mail | jamoteen@jamobook.com

ISBN 978-89-544-0260-6 (03410)

과학공화국 수학법정

1 수학의 기초

정완상(국립 경상대학교 교수) 지음

(주)자음과모음

생활 속에서 배우는
기상천외한 수학 수업

수학과 법정, 이 두 가지는 전혀 어울리지 않는 소재들입니다. 그리고 여러분에게 제일 어렵게 느껴지는 말들이기도 하지요. 그럼에도 불구하고 이 책의 제목에는 분명 '수학법정' 이라는 말이 들어 있습니다. 그렇다고 이 책의 내용이 아주 어려울 거라고는 생각하지는 마세요. 저는 법률과는 무관한 기초과학을 공부하는 사람입니다. 하지만 법정이라고 제목을 붙인 데에는 이유가 있습니다.

또한 독자들은 왜 물리학 교수가 수학과 관련된 책을 쓰는지 궁금해 할지도 모릅니다. 하지만 저는 대학과 KAIST시절 동안 많은 과외를 통해 수학을 가르쳐 보았습니다. 그러면서 수학에 대한 자신감을 잃은 어린이들이 수학의 기본 개념을 잘 이해하지 못한다는 것을 발견했습니다.

그리고 또 한 가지 사실은 중 · 고등학교에서 수학을 잘하는 데에는 초등학교 때부터 수학의 기본이 잡혀있어야 한다는 것을 알아냈습니다. 이 책은 주 대상이 초등학생이 될 것으로 예상합니다. 그리고 많은 내용을 초등학교 과정에서 발췌하였습니다.

그럼 왜 수학을 얘기하는 책에서 하필 법정이라는 말을 썼을까요? 그것은 최근에 〈솔로몬의 선택〉을 비롯한 많은 텔레비전 프로에서 법과 관련된 얘기를 재미있는 사건 소개를 통해 우리들에게 쉽게 법률에 대한 지식을 알려주기 때문입니다.

그래서 수학의 개념을 딱딱하지 않게 어린이들에게 소개하고자 법정을 통한 재판 과정을 도입하였습니다. 물론 첫 시도이기 때문에 어색한 점도 있지만 독자들은 아주 쉽게 수학의 기본 개념을 정복할 수 있을 것이라고 저는 생각합니다.

여러분은 이 책을 재미있게 읽어가는 동안 수학을 모르면 생활속에서 이런 고생을 하겠구나하는 느낌을 가질 수 있을 것입니다. 그러니까 어쩌면 이 책은 수학을 왜 공부해야하는 가를 알려준다고 볼 수 있지요.

수학은 가장 논리적인 학문입니다. 그러므로 수학법정의 재판과정을 통해 여러분은 수학의 논리와 수학의 정확성을 느끼게 될 것입니다. 저는 이 책을 통해 독자들이 수학을 더 좋아할 수 있도록 도와주고 싶습니다.

물론 이 책의 내용은 초등학교 대상이지만 만일 기회가 닿으면 중고등학교 수준의 좀 더 일상생활과 관계있는 책도 쓰고 싶습니다. 처음 해 보는 시도라 걱정되기도 합니다. 선뜻 출판을 결정해주신 자음과 모음의 강병철 사장님과 이 책이 책 답게 나올 수 있도록 많은 고생을 한 자음과 모음의 모든 식구들에게 감사를 드립니다.

진주에서

정완상

| 프롤로그 |

수학법정의 탄생

과학공화국이라고 부르는 나라가 있었다. 이 나라는 과학을 좋아하는 사람들이 모여 살고 있으며, 인근에는 음악을 사랑하는 사람들이 사는 뮤지오 왕국과 미술을 사랑하는 사람들이 사는 아티오 왕국, 또 공업을 장려하는 공업공화국 등 여러 나라가 있었다.

과학공화국 사람들은 다른 나라 사람들에 비해 과학을 좋아했는데, 어떤 사람은 물리를 더 좋아하는 반면 또 어떤 사람들은 수학을 더 좋아하기도 했다.

그런데 논리적으로 정확하게 설명해야 하는 수학의 경우, 과학공화국의 명성에 걸맞지 않게 국민들의 수준이 그리 높은 편은 아니었다. 그리하여 공업공화국 어린이들과 과학공화국 어린이들이 함께 수학 시험을 치르면 오히려 공업공화국 어린이들의 점수가 더 높을 정도였다.

특히 최근 인터넷이 공화국 전체에 퍼지면서 게임에 중독된 과학공화국 어린이들의 수학 실력이 기준 이하로 떨어졌다. 그러다 보니 자연 수학 과외나 학원이 성행하게 되었고, 그런 와중에 어린이들에게 엉터리 수학을 가르치는 무자격 교사들도 우후죽순 생겨나기 시작했다.

수학은 일상생활에서 여러 문제로 만나게 되는데 과학공화국 국민들의 수학에 대한 이해력이 떨어지면서 곳곳에서 수학적인 문제로 분쟁이 끊이지 않았다. 그리하여 과학공화국의 박과학 대통령은 장관들과 이 문제를 논의하기 위해 회의를 열었다.

"최근의 수학 분쟁을 어떻게 처리하면 좋겠소."

대통령이 힘없이 말을 꺼냈다.

"헌법에 수학적인 부분을 좀 추가하면 어떨까요?"

법무부장관이 자신 있게 말했다.

"좀 약하지 않을까요?"

대통령이 못마땅한 듯이 대답했다.

"그럼 수학으로 판결을 내리는 새로운 법정을 만들면 어떨까요?"

수학부장관이 말했다.

"바로 그겁니다. 과학공화국답게 그런 법정이 있어야지요. 그래요, 수학법정을 만들면 되는 거예요. 그리고 그 법정에서의 판례들을 신문에 게재하면 사람들이 더 이상 다투지 않고 자신의 잘못을 인정하게 될 겁니다."

대통령은 입을 환하게 벌려 웃으며 흡족해했다.

"그럼 국회에서 새로운 수학법을 만들어야 하지 않습니까?"

법무부장관이 약간 불만족스러운 듯한 표정으로 말했다.

"수학은 가장 논리적인 학문입니다. 누가 풀든 같은 문제에 대해서는 같은 답이 나오는 것이 수학입니다. 그러므로 수학법정에 대해서는 새로운 법을 만들 필요가 없습니다. 혹시 새로운 수학이 나온다면 모를까."

수학부장관이 법무부장관의 말에 반박했다.

"그래요, 나도 수학을 좋아하지만 어떤 방법으로 풀든 답은 같게 나오지요."

이렇게 해서 과학공화국에는 수학적으로 판결하는 수학법정이 만들어지게 되었다.

초대 수학법정 판사는 수학에 대한 책을 많이 쓴 수학짱 박사가 맡게 되었다. 그리고 두 명의 변호사를 선발했는데 한 사람은 수학과를 졸업했지만 수학에 대해 그리 깊게 알지 못하는 40대의 수치 씨였고, 다른 한 사람은 어릴 때부터 수학경시대회에서 항상 대상을 받은 수학 천재 매쓰 씨였다.

이렇게 해서 과학공화국에서 벌어지는 수학과 관련된 많은 사건들이 수학법정의 판결을 통해 깨끗하게 마무리될 수 있었다.

| 차례 |

이 책을 읽기 전에 생활 속에서 배우는 기상천외한 과학수업

프롤로그 수학법정의 탄생

제1장 잘못된 계산에 얽힌 사건 13

수의 자리 값_ 수의 자리 수 | 잘못된 수학식_ 1,000원은 어디로? | 올바른 식 세우기_ 교통비 나누기 | 간격의 개수_ 부족한 전봇대

제2장 자리 수와 관련된 사건 45

1의 자리 수의 계산_ 문제가 유출되었나 | 콤마 사용법_ 서로 다른 콤마 사용| 이진법_ 필요 없는 저울 추

제3장 수 퍼즐 사건 71

수의 규칙성_ 도박으로 돈 번 사나이 | 덧셈과 뺄셈의 활용_ 삶은 계란과 모래시계 | 거듭제곱의 위력_ 엄청난 과외비

제4장 약수, 배수에 관한 사건 97

배수_ 숫자가 지워진 영수증 | 최대공약수_ 김밥 속 숫자 비밀 | 최소공배수_ 언제 오라는 거죠?

제5장 비율에 관한 사건 123

비례 배분①_ 소 유산 상속 | 비율_ 부당한 해고 | 비례 배분②_ 붕어 값 분배 |
비율과 관련된 퍼즐_ 붕어빵 기계

제6장 무게에 관한 사건 153

평균_ 무게가 다른 저울 | 무게와 관련된 퍼즐_ 불량 주화 공장

제7장 농도, 속력에 관한 사건 171

농도_ 소금물 농도 | 속력_ 누가 더 빠르지? | 물건 값_ 덤과 할인

제8장 확률에 관한 사건 195

감점의 수학_ OX 문제 | 불공평한 게임_ 항상 지는 게임 | 확률에 의한 계산_
우승 상금 배당

제9장 논리에 관한 사건 219

무한집합_ 무한대 손님 받기 | 논리의 수학_ 논리로 범인 잡기

제10장 도형에 관한 사건 237

최단 거리_ 어느 길이 빠를까 | 평면을 채우는 정다각형_ 정오각형 타일 |
단 한 번에 다리 건너기_ 쾨니스의 다리

에필로그 수학과 친해지세요

제1장

잘못된 계산에 얽힌 사건

수의 자리 값_ 수의 자리 수

엉터리 수학을 가르친 과외 선생은 죄가 있을까

잘못된 수학식_ 1,000원은 어디로?

호텔 지배인이 빼돌린 1,000원은 과연 어디로 사라졌을까

올바른 식 세우기_ 교통비 나누기

왕복과 편도로 차를 이용한 사람은 교통비를 어떻게 나누어야 할까

간격의 개수_ 부족한 전봇대

전봇대 한 개가 부족해 전기를 공급할 수 없었다면 누구의 책임일까

사건 속으로

수학을 좋아하는 사람들이 모여 사는 과학공화국의 매쓰 주. 이곳의 수도인 매쓰 시티 외곽에는 수학을 못하는 사람들이 모여 사는 노매쓰 시티가 있다. 김셈몰 씨는 이 마을에서 수학을 제일 잘하는데 그 역시 덧셈, 뺄셈, 곱셈, 나눗셈에 서툴렀다.

김셈몰 씨는 독학으로 사칙연산을 공부했는데 그가 계산한 결과는 번번이 틀렸다. 하지만 노매쓰 시티 사람들에게 그는 수학의 천재로 통했다.

노매쓰 시티에서 유명해진 김셈몰 씨는 중심가인 매쓰 시티로 들어가 수학 과외 자리를 구하게 되었다. 그가 명문 슈퍼매쓰 대학의 수학과를 수석으로 졸업했다고 속이자 많은 어머니들이 과외를 부탁하기 위해 김셈몰 씨를 찾았다.

그러던 중 셈이 자주 틀리고 나눗셈을 잘 이해하지 못하는 나눔몰 어린이의 어머니가 김셈몰 씨를 과외 선생으로 채용하게 되었다. 얼마 후 나눗셈 시험을 대비하여 김셈몰 씨는 나눔몰 어린이에게 나눗셈을 가르쳤다.

그러나 김셈몰 씨는 엉뚱한 계산법으로 나눗셈을 가르쳤는데, 예를 들면 28÷7=13과 같은 것이었다.

나눔몰 어린이는 며칠 후 나눗셈 시험을 치렀고 시험 문제로 28÷7이 출제되었다. 나눔몰 어린이는 김셈몰 선생에게 배운 대로 답을 13이라고 썼다. 그런데 그것은 정답이 아니었다.

이에 화가 난 나눔몰의 어머니는 김셈몰 씨를 해고했다. 김셈몰 씨는 시험 문제의 답이 잘못되었다며 나눔몰 군이 다니는 초등학교를 수학법정에 고소했다.

수학은 누가 어떤 방법을 사용하든지 그 결과가 같아야 합니다.

여기는 수학법정 김셈몰 씨는 왜 28÷7을 13이라고 했을까요? 수학법정에서 알아봅시다.

수학짱 판사

수치 변호사

매쓰 변호사

 원고 측 말씀하세요.

비록 노매쓰 시티의 수학 수준이 매쓰 시티에 비해 낮다고는 하지만, 김셈몰 씨는 노매쓰 시티에서 수학 실력이 가장 좋은 사람입니다. 그런 김셈몰 씨가 잘못된 수학을 가르쳤다는 것은 본 변호사로서는 이해가 되지 않습니다. 따라서 원고인 김셈몰 씨를 증인으로 요청합니다.

어딘지 모르게 어수룩해 보이는 30대 중반의 남자가 증인석에 앉았다.

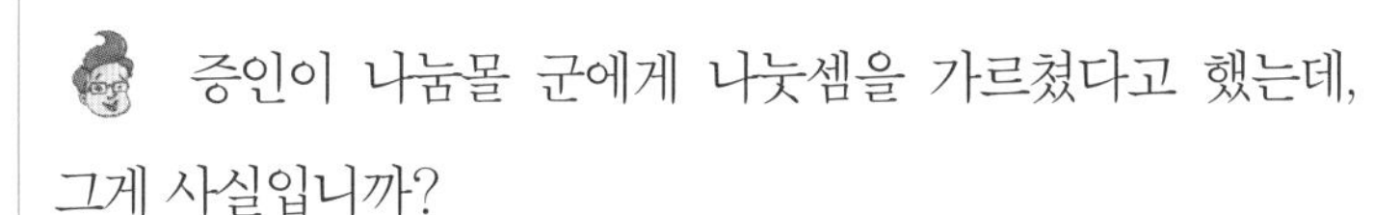

증인이 나눔몰 군에게 나눗셈을 가르쳤다고 했는데, 그게 사실입니까?

그렇습니다.

그럼 28÷7이 13이 되는 것에 대해 설명해 주시겠습니까?

화면을 봐 주십시오.

7 | 28

8 속에는 7이 한 번 들어가므로 8 위에 1을 쓰면 다음과 같이 됩니다.

$$\begin{array}{r|l} & \ \ 1 \\ \cline{2-2} 7 & 28 \\ & \ \ 7 \end{array}$$

그 다음은 어떻게 되죠?

8에서 7을 뺀 수를 아래에 쓰고 2는 그대로 내려오면 됩니다.

$$\begin{array}{r|l} & \ \ 1 \\ \cline{2-2} 7 & 28 \\ & \ \ 7 \\ \cline{2-2} & 21 \end{array}$$

그 다음은 어떻게 되나요?

21 속에는 7이 3번 들어가므로 1 뒤에 3을 쓰면 됩니다.

$$\begin{array}{r|l} & 13 \\ \cline{2-2} 7 & 28 \\ & \ \ 7 \\ \cline{2-2} & 21 \\ & 21 \\ \cline{2-2} & \ \ 0 \end{array}$$

정말 몫이 13이 되는군요.

이건 말도 안 되는 셈입니다. 그렇다면 13에 7을 곱하면 28이 나와야 되는데, 그것도 설명할 수 있습니까?

물론입니다. 세로 셈으로 보도록 하겠습니다.

$$\begin{array}{r} 13 \\ \times\ \ 7 \\ \hline \end{array}$$

우선 3과 7을 곱하면 다음과 같이 됩니다.

$$\begin{array}{r} 13 \\ \times\ \ 7 \\ \hline 21 \end{array}$$

다음 1과 7의 곱을 다음과 같이 쓰고 두 수를 더합니다.

$$\begin{array}{r} 13 \\ \times\ \ 7 \\ \hline 21 \\ 7 \\ \hline 28 \end{array}$$

보십시오, 매쓰 변호사님. 검산도 되지 않습니까?

그럼 13을 7번 더하면 28이 나옵니까?

물론이죠. 13+13+13+13+13+13+13에서 3을 모두 더하면 21이죠? 거기에 1이 7개 있으니까 1을 모두 더하면 7

이 되죠? 두 수를 더하면 21+7=28이 됩니다.

이상입니다.

피고 측 말씀하세요.

초등 수학 연구소의 이산수 박사를 증인으로 요청합니다.

1부터 9까지의 숫자가 쓰여 있는 티셔츠를 입은 40대 남자가 증인석에 앉았다.

증인은 원고 김셈몰 씨의 계산이 옳다고 생각합니까?

엉터리 수학입니다.

어째서죠?

수학의 십진법에는 자릿값이라는 것이 있습니다. 가령 11에서 앞의 1은 십을 나타내고, 뒤의 1은 일을 나타냅니다. 그런데 김셈몰 씨는 십진법의 수의 자릿값을 생각하지 않고 나눔몰 군에게 엉뚱한 방법으로 잘못된 계산법을 가르쳤습니다.

구체적으로 어떤 점이 잘못되었죠?

28÷7을 계산할 때는 큰 자릿값의 수인 2 속에 7이 몇 번 들어가는가를 먼저 따져야 합니다. 그런데 2 속에는 7이 한 번도 안 들어가므로, 그럴 경우에는 다음 자릿값의 수인 8

까지 넣어 28 속에 7이 몇 번 들어가는지를 따져야 합니다. 곱셈 구구단을 통해 잘 알고 있듯이 4×7=28이므로 28 속에는 7이 4번 들어갑니다. 따라서 이 문제의 답은 4입니다.

존경하는 재판장님, 이번 사건은 수의 자릿값에 대해 모르는 김셈몰 씨가 자신의 학력을 속여 과외를 가르치고, 이로 인해 올바른 수학을 배워야 할 나눔몰 군에게 셈에 대한 혼동을 불러일으킨 사건입니다. 그러므로 나눔몰 군과 그 부모가 김셈몰 씨에게 책임을 물어야 한다는 것이 본 변호사의 주장입니다.

판결합니다. 김셈몰 씨의 계산은 십진법의 수의 자릿값을 생각하지 않은 괴상한 궤변이라는 점에 동의합니다. 예술은 붓이 가는 대로 창작할 수 있는 자유가 있지만, 수학은 누가 어떤 방법을 사용하든지 그 결과가 같아야 합니다. 그런 의미에서 수학 계산에서 가장 중요한 약속인 수의 자릿값에 대한 약속을 위반한 엉터리 셈을 학생에게 가르친 김셈몰 씨에게 죄가 있다고 여겨집니다. 그러므로 나눔몰 군이 다니는 초등학교는 무죄이며, 김셈몰 씨는 그 동안 받은 과외비를 나눔몰 군의 부모에게 돌려주고 1년 동안 셈 보호원에서 수학을 다시 배울 것을 판결합니다.

재판 후 김셈몰 씨는 셈 보호원에 들어갔다. 그 곳은 계산을 잘못하여 죄를 지은 사람들이 다시 옳은 계산법을 배우는 곳이다. 김셈몰 씨는 자신의 죄를 반성하고 그 곳에서 열심히 수학 공부를 했다. 그리고 일 년 후 그는 고향인 노매쓰 시티로 가서 마을 사람들에게 제대로 된 수학을 가르쳤다.

사건 속으로

상수, 정수, 봉수는 이름 중에 끝 자가 같아 고등학교 때부터 절친한 친구 사이로 지내 왔다. 고등학교를 졸업한 세 사람은 1박 2일로 여행을 가게 되었다.

그들은 서울을 떠난 지 2시간 후 금수강산 콘도에 도착했다. 그곳은 예쁜 자갈이 많아 돌을 수집하려는 사람들에게 인기 있는 곳이었다. 카운터에서 봉수가 '삥땅이'라는 이름표를 달고 있는 지배인에게 물었다.

"하루 묵는 데 얼마죠?"

"3만 원입니다."
세 사람은 1,000원짜리 10장씩을 걷어 지배인에게 주었다. 지배인은 세 사람에게 잠시만 기다리라 하고 콘도 주인인 돈돌려 사장에게 3만 원을 건넸다.
사장은 요즘 비수기이니까 5,000원을 깎아 주라고 했다. 5,000원을 들고 카운터로 오던 삥땅이 지배인은 2,000원을 빼돌리고 3,000원만 돌려주기로 마음먹었다.
세 사람은 지배인으로부터 3,000원을 받아 1,000원씩 나누어 가졌다. 세 사람에게 방을 안내해 주고 카운터로 돌아온 삥땅이 지배인은 이상한 생각이 들었다.
'가만, 저 사람들은 1,000원씩 돌려받았으니까 9,000원씩 낸 거잖아. 그럼 저 사람들은 2만 7,000원을 지불한 셈이고 내가 빼돌린 돈은 2,000원이니까 전체는 2만 9,000원! 그렇다면 저 사람들이 처음에 내게 3만 원을 준 게 아니라 1,000원짜리 한 장을 덜 준 거군.'
이렇게 생각한 삥땅이 지배인은 세 사람이 묵고 있는 방으로 가서 1,000원을 덜 냈으니 더 내놓으라고 했다. 세 사람은 뜬금없이 나타나서 1,000원을 더 내놓으라고 하는 지배인에게 자신들은 틀림없이 3만 원을 지불하고 3,000원을 되돌려 받았다고 주장했다. 그리하여 이 사건은 결국 수학법정으로 넘어가게 되었다.

우리는 일상생활에서 수학적인 식을 세워야 할 때가 많습니다.
그것이 수학을 공부하는 하나의 이유라고 볼 수 있습니다.

여기는 수학법정

세 사람이 처음에 삥땅이 지배인에게 2만 9,000원을 준 것일까요, 아니면 삥땅이 지배인이 잘못 계산한 것일까요? 수학법정에서 알아봅시다.

원고 측 변론하세요.

원고 삥땅이 지배인이 세 사람으로부터 2만 9,000원을 받은 것이 분명합니다. 세 사람은 1,000원씩 돌려받았으므로 9,000원씩 낸 셈이고, 원고가 가지고 있는 돈은 2,000원입니다. 그러므로 세 사람이 삥땅이 지배인에게 처음 낸 돈은 2만 7,000원과 2,000원의 합인 2만 9,000원입니다.

피고 측 변론하세요.

가감 연구소의 바른식 박사를 증인으로 요청합니다.

바른 자세로 걸어 나오는 50대 남자가 증인석에 앉았다.

증인이 하는 일을 간단하게 설명해 주십시오.

일상생활에서 벌어지는 수학 문제에 대해 올바른 식을 연구하는 일을 하고 있습니다.

이 사건의 경우 사라진 1,000원은 어디로 갔습니까?

사라진 돈은 없습니다.

그 이유는 뭐죠?

식을 잘못 세워서 마치 1,000원이 사라진 것 같은 느낌이 든 것입니다.

좀 더 구체적으로 설명해 주십시오.

세 사람이 실제로 지불한 돈은 나중에 3,000원을 되돌려 받았으므로 2만 7,000원입니다. 그러므로 손님은 2만 7,000원이 있으면 되는 것입니다. 콘도에서 손님의 돈을 받은 사람은 두 사람입니다. 한 명은 돈돌려 사장이고 또 한 명은 삥땅이 지배인입니다. 그러니까 돈돌려 사장이 받은 돈과 삥땅이 지배인이 가진 돈의 합이 2만 7,000원이면 되는 거죠. 돈돌려 사장은 지배인에게 3만 원을 받아 5,000원을 돌려주었으므로 돈돌려 사장이 가진 돈은 2만 5,000원이고, 삥땅이 지배인은 5,000원 중 3,000원을 세 사람에게 주었으므로 그가 가지고 있는 돈은 2,000원입니다. 그러므로 돈돌려 사장과 삥땅이 지배인이 가진 돈을 합치면 2만 7,000원이 되어 세 명의 손님이 낸 돈과 일치합니다.

이번 사건은 삥땅이 지배인이 세운 식이 옳지 않아 일어난 일입니다. 그러니까 손님이 실제로 낸 돈에 지배인이 빼돌린 돈 2,000원을 더한 것은 아무 의미가 없는 식입니다. 그러므로 세 명의 손님은 3만 원을 내고 3,000원을 돌려받은 것이 분명하다는 것이 본 변호사의 생각입니다.

판결합니다. 이번 사건은 식을 옳게 세우지 않아 일어

난 사건입니다. 우리는 일상생활에서 수학적인 식을 세워야 할 때가 많습니다. 그것이 수학을 공부하는 하나의 이유라고 볼 수 있습니다. 이 사건의 경우처럼 더해야 하지 않을 것을 더해 이상한 결과가 발생할 수 있습니다. 피고 측 증인이 지적한 것처럼 손님들이 낸 돈과 콘도 측이 받은 돈이 일치하므로 이번 사건에 대해 피고인 세 명은 책임이 전혀 없습니다. 하지만 빵땅이 지배인은 틀린 셈을 했을 뿐 아니라 남의 돈을 빼돌렸으므로 일반 법정에 보내기로 판결합니다.

재판 후 빵땅이 지배인은 2,000원 횡령죄로 일반 법정에 넘어갔다. 그리고 그는 24시간 감옥에 있을 것과 덧셈, 뺄셈을 이용한 수학 문제 100문항을 풀도록 판결받았다.

왕복과 편도로 차를 이용한 사람은
교통비를 어떻게 나누어야 할까

사건 속으로

셈빨라 씨는 친구 네 명과 함께 하루 일정으로 등산을 가기로 했다. 다섯 사람은 다른 친구의 차를 빌려 타고 가기로 하고 그 비용은 공평하게 나누어 내기로 했다.

다섯 사람은 고속도로를 달려 산으로 갔다. 고속도로 이용료와 기름 값을 합쳐 4만 5,000원의 경비가 들었다. 등산을 마치고 셈빨라 씨는 우연히 고등학교 때 친구를 만났다.

그 친구는 산 중턱에서 산장을 운영하고 있는데 셈빨라 씨에게 하룻밤 묵어 가라고 제안했다. 셈빨라 씨는 오랜만에 만

난 친구의 제안을 뿌리칠 수 없어 같이 온 친구들에게 먼저 돌아가라고 했다. 이렇게 하여 셈빨라 씨를 뺀 네 사람이 왔던 길을 되돌아갔다. 물론 이 때도 4만 5,000원의 비용이 들었다.

며칠 후 교통비를 모으기 위해 다섯 사람이 모였다. 이제 다섯 사람이 돈을 모아 교통비 9만 원을 만들어야 했다. 그 때 한 친구가 다음과 같이 제안했다.

"셈빨라는 차를 한 번만 탔고 우리는 올 때 갈 때 2번 탔으니까 전체적으로 차를 이용한 사람의 수는 갈 때 5명과 올 때 4명을 합쳐 9명이지? 9만 원을 9로 나누면 1만 원이니까 한 번 차를 이용하는 데 드는 비용은 1만 원이군. 그럼 셈빨라는 1만 원을 내고 다른 사람들은 2만 원씩 내면 되겠어."

그의 제안은 모든 사람들에게 받아들여졌다. 친구들과 헤어지고 혼자 집에 돌아와 여러 가지 방법으로 계산을 해 보던 셈빨라 씨는 자신이 1만 원을 낸 것이 부당하다며 네 친구들을 수학법정에 고소했다.

갈 때 5명이 차를 이용하고 올 때는 4명이 이용하는 경우,
갈 때와 올 때 1인당 부담해야 하는 경비가 다릅니다.

여기는 수학법정	셈빨라 씨가 1만 원을 낸 것이 이익일까요, 아니면 손해일까요? 수학법정에서 알아봅시다.

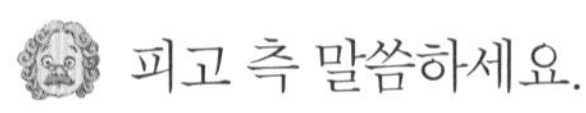

수학짱 판사

수치 변호사

매쓰 변호사

피고 측 말씀하세요.

셈빨라 씨를 제외한 네 사람은 같은 차를 2번 이용했고 셈빨라 씨는 한 번 이용했으므로, 이 경우 차를 9번 이용하여 9만 원의 비용이 든 것입니다. 그러므로 차를 한 번 이용할 때 1만 원씩 지불하는 것이 수학적으로 옳으므로 셈빨라 씨가 1만 원을 낸 것은 당연하다는 것이 본 변호사의 주장입니다.

원고 측 말씀하세요.

김택시 씨를 증인으로 요청합니다.

노란 제복을 입은 사나이가 증인석에 앉았다.

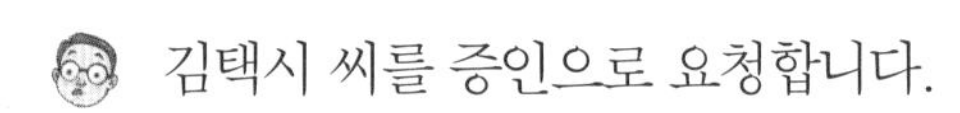

증인이 하는 일을 말씀해 주세요.

택시 기사입니다.

택시는 한 명이 타든 4명이 타든 요금은 같지요?

물론이죠.

혹시 손님 여럿이 택시 값을 나누어 계산하는 경우를 본 적이 있습니까?

요즘 경기가 안 좋아서 그런지 요금을 나눠 내는 경우를 종종 보지요.

어떻게 나누어 냅니까?

2명이 타면 둘로 나누고, 셋이 타면 셋으로 나누고, 넷이 타면 넷으로 나누죠.

그렇습니다. 택시 값을 나누어 낸다면 여러 명이 탈 때 한 사람이 내는 돈은 작아집니다. 이 사건도 같은 경우입니다.

잘 이해가 안 가는군요.

이번 사건의 경우 갈 때는 5명이 차를 이용했고 올 때는 4명이 이용했습니다. 그러니까 갈 때 1인당 부담해야 하는 경비와 올 때 1인당 부담해야 하는 경비가 다르다는 것입니다. 구체적으로 말씀드린다면 1인당 내야 하는 돈이, 갈 때는 4만 5,000원을 5로 나눈 9,000원이 되고, 올 때는 4만 5,000원을 4로 나눈 1만 1,250원이 되어야 합니다. 따라서 셈빨라 씨는 갈 때만 차를 이용했으므로 9,000원을 내고, 다른 네 사람은 2만 250원을 내는 것이 옳은 분배가 되는 것입니다.

판결합니다. 차에 탄 사람의 수를 고려하지 않고 갈 때 탄 사람 5명과 올 때 탄 사람 4명을 합친 9명으로 전체 교통비를 나누어 1인당 부담금으로 정한 결정은 수학적으로 공평하지 않습니다. 그러므로 원고가 주장한 계산법에 따라 셈빨라 씨는 1만 원과 9,000원의 차액을 네 사람에게 요구할 수 있다고 판결합니다.

재판 후 네 사람은 각자 250원씩 더 걷어 1,000원을 만들어서 셈빨라 씨에게 건네주었다. 돈을 건네받은 셈빨라 씨는 속으로 흐뭇해했다. 하지만 너무 지나치게 수학적으로 따지며 살아가는 셈빨라 씨의 모습은 왠지 삭막해 보였다.

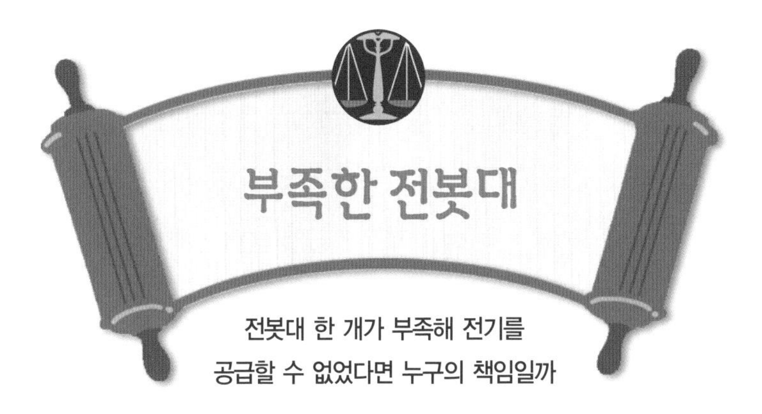

전봇대 한 개가 부족해 전기를
공급할 수 없었다면 누구의 책임일까

사건 속으로

최근 과학공화국의 매쓰 시티 주변에 신도시들이 들어섰다. 그로 인해 사이언스 시티의 롱바 전력 회사는 신도시에 전기를 공급하기 위해 전봇대 설치 작업으로 분주했다.

신도시 중 하나인 인터벌 시티도 전봇대 설치를 롱바 전력 회사에 주문했다. 우선 가장 급한 것은 1km 이어지는 직선 도로에 10m 간격으로 전봇대를 설치하는 것이었다.

얼마 후 롱바 전력 회사는 1km 구간에 100개의 전봇대를 10m마다 하나씩 세우기 시작했다. 그런데 100번째 전봇대를 세우고 나서 하나의 전봇대를 더 세워야 했다. 하지만 전봇대는 더 이상 없었다.

이를 이상하게 생각한 현장 관리자 수헛갈 소장은 전봇대 공장에 급히 전화를 걸어 혹시 전봇대가 99개만 온 것이 아니냐고 물었다. 하지만 전봇대 공장에서는 틀림없이 100개의 전봇대가 배달되었다고 주장했다.

수헛갈 소장이 차를 타고 전봇대의 개수를 헤아려 보았더니 틀림없이 100개였다. 수헛갈 소장은 급히 전봇대 하나를 더 주문했지만 똑같은 재료를 구할 수 없어 한 달 정도를 기다려야 했다.

전기 공급이 안 되자 인터벌 시티에 입주하려던 사람들 중 일부가 계약을 해지하고 다른 신도시로 이주했다. 입주자들을 다른 신도시에 빼앗겨 손해를 본 인터벌 시티는 이번 사건이 전봇대가 부족해서 일어난 것이라며 롱바 전력 회사를 수학법정에 고소했다.

일직선으로 난 도로에 일정한 간격으로 전봇대를 세울 때 필요한 전봇대의 개수는
전체 거리를 간격의 길이로 나눈 것보다 1개 더 많습니다.

여기는 수학법정 1km 구간에 10m 간격으로 전봇대를 세우려면 과연 몇 개의 전봇대가 필요할까요? 수학법정에서 알아봅시다.

수학짱 판사

수치 변호사

매쓰 변호사

 피고 측 말씀하세요.

인터벌 시티는 1km 구간에 10m 간격으로 전봇대를 설치하도록 롱바 전력 회사와 계약을 했습니다. 1km는 1,000m이고 이것을 10m로 나누면 100입니다. 그러므로 필요한 전봇대의 개수는 100개가 맞습니다. 그런데 한 개의 전봇대가 부족하다면 이것은 거리가 1km가 아니라 1km 10m라는 얘기가 됩니다. 그러므로 거리를 잘못 알려 줘서 입은 손해에 대해 롱바 전력 회사가 책임을 질 이유는 없다는 것이 본 변호사의 생각입니다.

원고 측 말씀하세요.

간격 수학 연구소의 이간격 연구원을 증인으로 요청합니다.

키가 훤칠한 미모의 네 아가씨와 함께 이간격 씨가 증인석에 앉았다.

 법정에 웬 이벤트 걸입니까? 당장 내보내세요.

 저의 도우미들입니다. 증언에 필요합니다.

허, 참. 원고 측 변호사, 증인 심문하세요.

증인이 하는 일을 말씀해 주세요.

저희는 일정한 간격으로 물체를 배열할 때 몇 개의 물체가 필요한가를 연구하고 있습니다.

이번 사건과 비슷한 문제를 연구하시는군요. 이번 사건에 대해 어떻게 생각하십니까? 거리가 잘못되었다는 피고 측 얘기가 맞습니까?

그렇지 않습니다. 거리는 1km가 맞습니다. 하지만 1km의 도로에 10m 간격으로 전봇대를 세우려면 101개의 전봇대가 필요합니다.

잘 이해가 안 가는군요. 1,000을 10으로 나누면 100이지 않습니까?

물론 간격의 수는 100개가 맞습니다. 하지만 다음 실험을 주목해 주세요.

이간격 씨는 줄자를 가지고 나와 3m가 되는 직선을 법정에 그리고 1m마다 동그라미로 표시를 해 두었다.

지금 3m 도로가 있다고 가정해 봅시다. 그리고 1m마다 전봇대를 세우도록 해 보죠. 전봇대가 없으니까 이 아가씨들을 세워 보겠습니다.

4명의 아가씨가 동그라미를 친 곳에 섰다.

그렇군요. 3m 길이에 1m 간격으로 아가씨가 서 있으려면 4명이 필요하군요.

그렇습니다.

존경하는 재판장님, 지금 증인이 보여 준 실험처럼 일직선으로 난 도로에 일정한 간격으로 전봇대를 세울 때, 전봇대 사이의 간격의 개수는 전체 거리를 간격의 길이로 나눈 것과 같습니다. 하지만 필요한 전봇대의 개수는 그보다 1개가 더 많습니다. 그러므로 이번 사건의 책임은 필요한 전봇대의 개수를 잘못 헤아린 롱바 전력 회사에 있다는 것이 본 변호사의 생각입니다.

양측의 변론을 종합해 볼 때 원고 측 변호사의 변론이 수학적으로 정확하다는 점이 인정됩니다. 그러므로 전봇대 한 개가 부족하여 다른 신도시로 입주자를 빼앗긴 인터벌 시티의 손해에 대해 롱바 전력 회사에 책임이 있다고 판결합니다.

재판 후 롱바 전력 회사는 인터벌 시티에 엄청난 손해 배상을 해야 했다. 이 사건으로 큰 타격을 입은 롱바 전력 회사는 신입 사원을 대거 채용했는데 그들 중 90%는 수학자였다.

나무의 개수

일정한 간격으로 서 있는 나무의 개수를 구하는 문제는 항상 헷갈립니다. 이때 나무를 닫힌 곡선에 세우는가, 아니면 열린 곡선에 세우는가에 따라 필요한 개수가 달라집니다.

먼저 열린 곡선에 나무를 세우는 경우를 볼게요. 예를 들어 3m인 도로에 1m 간격으로 나무를 세운다고 해 보죠. 몇 그루의 나무가 필요한가요? 당연히 4그루입니다. 그러니까 3+1=4가 되는군요.

하나 더 해 볼까요? 5m인 도로에 1m 간격으로 나무를 세울 때는 몇 그루의 나무가 필요하죠? 이때는 6그루의 나무가 필요합니다. 5+1=6이 되었군요.

이번에는 좀 더 복잡한 문제를 풀어 볼게요.

10m의 도로에 2m 간격으로 나무를 심으려면 몇 그루의 나무가 필요할까요? 이때 간격의 개수는 10÷2=5로부터 5개가 됩니다. 그런데 필요한 나무의 수는 5+1=6으로부터 6그루가 되겠죠. 그러니까 다음과 같은 결론을 얻을 수 있어요.

나무의 개수 = 간격의 개수 + 1(열린 곡선일 때)

이것은 직선 도로와 곡선 도로를 구분하지 않고 도로가 끊어지지 않는 이상 항상 성립합니다.

강아지가 길이가 10인 열린 곡선에 1 간격으로 똥을 누었네요.
이때 똥의 개수는 간격의 개수+1인 11개입니다.

닫힌 곡선일 때는 어떻게 될까요?

닫힌 곡선이란 원처럼 한 점에서 그리기 시작하여 다시 자기 위치로 돌아오는 곡선을 말합니다. 물론 원 말고도 직사각형이나 임의의 모양이 되어도 마찬가지입니다.

그러면 3m의 원형 도로에 1m 간격으로 나무를 심을 때 몇 그루의 나무가 필요할까요?

원을 그리고 나서 전체의 $\frac{1}{3}$이 되는 지점마다 나무를 심으면 되겠군요. 그러니까 필요한 나무의 개수는 3그루입니다.

좀 더 어려운 걸 보죠. 둘레의 길이가 24m인 호수를 따라 3m 간격으로 나무를 심을 때 필요한 나무의 개수는 얼마일까요?

24÷3=8이니까 전체의 $\frac{1}{8}$이 되는 거리마다 나무를 심으면 필요한 나무는 8그루입니다. 아하, 이때는 간격의 개수만큼만 나무를 심으면 되겠군요. 그러니까 결론은 다음과 같습니다.

나무의 개수 = 간격의 개수(닫힌 곡선일 때)

제2장

자리 수와 관련된 사건

1의 자리 수의 계산_ 문제가 유출되었나

복잡한 두 수의 곱의 1의 자리 수를 바로 맞혔다면 미리 문제를 알고 있었을까

콤마 사용법_ 서로 다른 콤마 사용

4개의 숫자마다 콤마를 찍어 문제가 생겼다면 누구 책임일까

이진법_ 필요 없는 저울 추

1g부터 15g까지 무게를 재는 데 몇 종류의 추가 필요할까

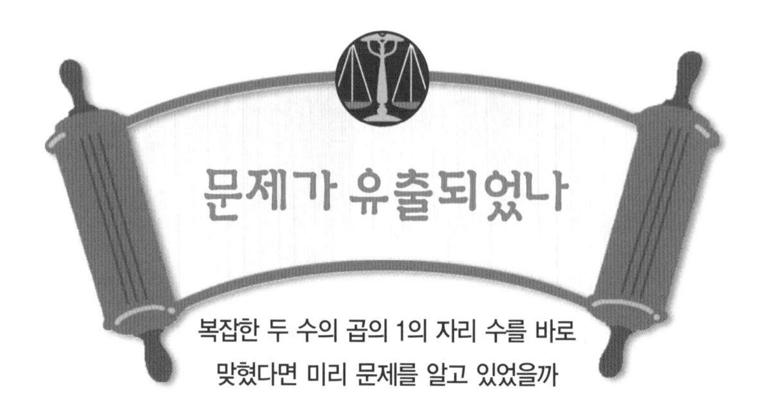

사건 속으로

넘버 시티 사람들은 숫자 계산을 좋아한다. 그들은 주판을 이용하지 않고 빠르게 셈하는 방법을 알고 있다. 그래서인지 넘버 시티 어린이들은 과학공화국에서 수학을 가장 잘한다. 또한 넘버 시티의 극성스런 어머니들은 서로 자기 아이의 수학 실력이 과학공화국에서 최고라고 자랑한다. 때마침 넘버 시티에서는 가장 셈을 잘하는 어린이에게 상을 주는 매쓰 킹 대회를 개최했다.

많은 어린이들이 이 대회에 참가했다. 신나라 초등학교에 다니는 김가법 어린이도 대회에 참가했다. 모두 32명의 어린이가 본선에 올라 토너먼트로 승자를 가리는 방식이었다.
김가법 어린이는 승승장구하며 결승에 올랐다. 결승에서 만나게 된 상대는 매쓰몬 초등학교에 다니는 김수학 어린이였다. 두 어린이는 앞서거니 뒤서거니 하면서 마지막 한 문제를 남긴 순간 동점을 이뤘다.
"자! 이제 마지막 한 문제가 남았습니다. 매쓰 킹이 결정되는 순간이군요."
사회자가 약간은 긴장된 목소리로 말했다.
"연습장을 사용하지 않고 화면에 나와 있는 셈에서 1의 자리 숫자를 맞혀 보세요."
화면에는 다음과 같은 곱셈식이 보였다.

$$17837175926 \times 120784089$$

김가법 어린이가 한숨을 지었다. 이렇게 복잡한 곱셈을 암산으로 할 자신이 없었기 때문이다. 그 순간 버저 소리가 울렸다. 김수학 어린이가 누른 것이었다.
"1의 자리 수는 4입니다."
김가법 어린이는 놀란 눈으로 김수학 어린이를 쳐다보았다.
"정답입니다. 제1회 매쓰 킹은 매쓰몬 초등학교의 김수학 어린이입니다."

결승에서 패한 김가법 어린이와 그의 어머니는 이렇게 복잡한 계산을 초등학생이 암산으로 계산할 리가 없다고 생각했다. 그래서 주최 측에 의해 사전에 이 문제가 유출되었다며 매쓰 킹 대회 관계자를 수학법정에 고소했다.

두 수의 곱의 1의 자리 수는 두 수의 1의 자리 수를 곱했을 때
나오는 수의 1의 자리 수와 같습니다.

여기는 수학법정

김수학 어린이는 어떻게 그렇게 큰 두 수의 곱에서 1의 자리 수를 단숨에 맞힐 수 있었을까요? 수학법정에서 알아봅시다.

수학짱 판사

수치 변호사

매쓰 변호사

 재판을 시작합니다. 원고 측 말씀하세요.

이번 사건은 도저히 있을 수 없는 일입니다. 보통 암산으로 큰 자리 수의 덧셈이나 뺄셈을 할 수 있다는 것은 이해할 수 있습니다. 하지만 곱셈이나 나눗셈의 경우는 원리가 다릅니다. 이번 사건과 같이 아주 큰 두 수의 곱을 초등학생이 순식간에 맞혔다는 것은 말이 되지 않습니다. 그러므로 이번 매쓰 킹 대회는 사전에 문제가 유출되었음이 틀림없다고 생각합니다.

이의 있습니다. 지금 원고 측 변호사는 증거도 없이 김수학 어린이와 매쓰 킹 대회 주최 측의 명예를 훼손하고 있습니다.

인정합니다. 원고 측 변호사는 앞으로 증거 없는 얘기는 하지 마세요.

알겠습니다. 하지만 정말 이해가 안 갑니다.

그럼 피고 측 변론하세요.

캘큐리 연구소의 정일자 교수를 증인으로 요청합니다.

파마 머리에 한복을 차려 입은 다소 화려한 외모의 40대 여

교수가 증인석에 앉았다.

이번 사건처럼 아주 큰 수의 곱에서 1의 자리 수를 순식간에 맞힐 수 있습니까?

물론입니다. 자, 아무 숫자나 두 수의 곱을 말해 보세요. 1의 자리 수를 맞혀 볼 테니까요.

365786×670987

1의 자리 수는 2입니다.

매쓰 변호사는 계산기로 확인해 보았다.

정말 놀랍군요. 마지막 숫자는 2예요. 그런데 어떻게 그렇게 금방 알 수 있는 거죠?

두 수의 곱의 1의 자리 수를 알려면, 두 수의 1의 자리 수끼리만 곱해 보면 되죠. 그러니까 387×23의 1의 자리 수를 구하려면 7과 3을 곱하면 되죠.

그럼 21이 나오는데요? 어떻게 1의 자리 수가 두 자리 수가 되죠?

21의 1의 자리 수인 1이 바로 답이에요. 이번 매쓰 킹 대회의 결승전 마지막 문제를 보죠.

$$17837175926 \times 120784089$$

앞의 수의 1의 자리 수는 6이고 뒤의 수의 1의 자리 수는 9이니까 두 수를 곱하면 54가 되고, 54의 1의 자리 수는 4이니까 답은 4가 되는 겁니다.

그런 규칙이 있었군요. 정말 신기한 수학이네요. 재판장님이 들으신 대로 매쓰 킹 대회의 결승전 마지막 문제는 1초 만에 풀 수 있는 방법이 있었습니다. 그러므로 원고 측이 주장하듯 문제의 사전 유출과는 아무 관련이 없습니다. 다만 김수학 어린이가 어느 책에선가 이런 방법을 본 적이 있고, 그것을 이번 대회에 적용했을 뿐입니다. 그러므로 김수학 어린이의 우승은 정당하다고 생각합니다.

판결합니다. 수학에는 속산법이라는 것이 있습니다. 물론 본 판사는 암산같이 계산만 빨리하는 것에 대해서는 수학의 발전에 큰 도움이 되지 않을 것이라 생각합니다. 하지만 이번 경우는 속산법이라기보다는 두 수의 곱셈에서 1의 자리 수의 성질과 관련된 문제이고, 우리가 십진법을 쓰는 상황에서 자리 수에 대한 개념의 중요성을 놓고 볼 때 중요한 성질이라 여겨집니다. 그러므로 김수학 어린이가 진정한 수학 실력에 의해 우승을 차지했다는 것을 인정하며 원고 측의 주장은 이유가 없다고 판결합니다.

재판 후 김가법 어린이는 교과서나 참고서가 아닌 교양 수학 책을 많이 보게 되었다. 이렇게 하여 다양한 수학 지식을 쌓은 김가법 어린이는 제2회 매쓰 킹이 되었다.

사건 속으로

과학공화국의 이웃 나라인 공업공화국에서는 수를 읽을 때 4개의 숫자마다 콤마를 찍는다. 그것은 숫자가 4개 추가될 때마다 새로운 이름이 붙기 때문이다.

예를 들어 2,0000은 2만이 되고, 여기에 0이 4개 더 붙은 2,0000,0000은 2억이 되는 식이다. 그러므로 4개의 숫자마다 콤마를 붙이면 수를 읽기가 편했다. 즉, 4,1257은 4만 1천2백5십7이라 읽고 6,8764,0000은 6억 8천7백6십4만이라고 읽으면 된다.

그런데 과학공화국 사람들은 3개의 숫자마다 콤마를 찍어 표시를 했다.
즉, 공업공화국의 1,0000은 과학공화국에서는 10,000으로 표기하고, 공업공화국의 100,0000은 과학공화국에서는 1,000,000으로 표기하였다.
공업공화국의 보통 사람들은 큰 불편이 없었지만, 과학공화국 수표를 공업공화국의 화폐로 바꿔 주는 은행 사람들은 항상 콤마의 개수를 유심히 살펴보아야 했다. 왜냐하면 두 나라의 수표와 화폐는 콤마와 뒷면에 조그맣게 쓰여 있는 은행 이름을 제외하고는 모양이 완전히 같았기 때문이다.
어느 날 공업공화국의 갑부인 나갑부 씨가 과학공화국의 사이언 은행에서 과학공화국의 1,000,000원이라고 쓰여진 수표를 공업공화국의 지폐로 바꾸어 달라고 했다. 창구에 앉아 있던 이침해 양은 이 수표를 공업공화국의 수표로 착각하여 나갑부 씨에게 1만 원짜리 지폐 1만 장을 주었다.
그날 사이언 은행에서는 난리가 났다. 그도 그럴 것이 100만 원짜리 수표를 받고 1억 원을 내주었기 때문이다. 이에 대해 사이언 은행은 콤마를 잘못 보아 일어난 실수이므로 나갑부 씨에게 돈을 되돌려줄 것을 요구했다. 그러나 나갑부 씨는 은행의 제의를 단호히 거절했고, 따라서 이 사건은 수학법정으로 넘어가게 되었다.

은행 직원이 1,000,000원이라고 쓰여진 수표를 1,0000,0000이라고 착각해
환전해 준 경우 9,900만 원을 더 받게 됩니다.

여기는 수학법정

콤마의 표시가 달라 수가 다르게 읽혀진 사건이군요. 과연 사이언 은행은 나갑부 씨에게 돈을 돌려받을 수 있을까요?

 원고 사이언 은행과 피고 나갑부 씨에 대한 재판을 시작합니다. 피고 측 말씀하세요.

 은행 창구에서 잘못 교환을 했다 해도 그것은 이미 지나간 버스입니다. 지나간 버스에 손 흔들면 무슨 소용 있습니까? 그러니까 사이언 은행의 실수로 나갑부 씨가 이득을 본 것은 어디까지나 나갑부 씨의 행운이라는 것이 본 변호사의 주장입니다.

 수치 변호사. 당신 수학법정 변호사 맞소?

맞는데요.

 좀 수학적으로 설명하세요.

수학적인 것이 항상 좋은 건 아닌데요.

 헉! 원고 측 변론하세요.

자리 수 연구소의 네자리 소장을 증인으로 요청합니다.

깔끔한 복장을 차려 입은 남자가 증인석에 앉았다.

 증인이 하는 일을 말씀해 주세요.

나라마다 네 자리씩 끊어 읽기도 하고, 세 자리씩 끊어 읽기도 합니다. 각 경우의 차이점과 장단점에 대해 연구하고 있죠.

세계적으로 어떻게 끊어 읽는 경우가 더 많습니까?

선진국이라고 할 수 있는 과학공화국이나 컴퓨터공화국은 세 자리씩 끊어 읽고, 공업공화국은 네 자리씩 끊어 읽습니다.

어떤 것이 편한가요?

어떤 것이 편하다기보다는 나라마다 관습적으로 표기 방법이 다른 것일 뿐입니다. 공업공화국에는 천의 천 배를 나타내는 메가라는 단어가 있지만 과학공화국에는 그런 단어가 없습니다. 천의 천 배는 만의 백 배이므로 우리는 백만이라고 부릅니다.

그러니까 천을 기준으로 할 때는 세 자리마다 콤마를 찍는 것이 좋고, 만을 기준으로 할 때는 네 자리마다 콤마를 찍는 것이 편리하겠군요.

존경하는 재판장님, 본 변호사는 이번 사건의 경우 공업공화국에서 콤마를 넣는 법과 과학공화국에서 콤마를 넣는 법이 다르기 때문에 혼동이 되어 일어난 것이라고 생각합니다. 은행은 어떤 경우든 이자 이외의 소득을 얻어서는 안 되는 곳입니다. 그리고 은행의 실수로 인해 발생한 손해를 은행의 책임으로만 돌린다면 앞으로 이와 유사한 사건이 자주 일어날 것이라고 생각합니다. 그러므로 현명한 판결을 부탁드립니다.

신용 사회에서 콤마 때문에 이익이 생긴다는 것은 있어서는 안 되는 일이라 생각합니다. 이미 공업공화국 산업법정의 판사들과도 협의가 이루어진 바, 이번 사건에 대해 나갑부 씨는 사이언 은행에서 실수로 건네준 차액을 지급할 것을 판결합니다. 차후로 다시는 이런 문제가 생기지 않도록 과학공화국과 공업공화국의 화폐 모양을 다르게 디자인하고, 다른 나라의 화폐를 교환해 주는 특별 은행을 설치하는 것을 골자로 한 양국의 협상이 진행 중입니다.

재판이 끝난 후 나갑부 씨는 풀이 죽은 표정으로 사이언 은행을 방문했다. 그리고 차액인 9,900만 원을 사이언 은행에 돌려주었다.

사건 속으로

디지털 시티에 사는 이진법 씨는 보석 가게를 차렸다. 그는 계산이 서툴기 때문에 금 덩어리를 1g 단위로 팔기로 했다. 그런데 그가 금 덩어리를 가장 크게 만들 수 있는 것이 15g짜리였기 때문에 그가 팔 수 있는 금 덩어리의 종류는 1g, 2g, …, 14g, 15g의 15종류였다.

그런데 손님들이 자신이 구분해 놓은 금 덩어리의 무게에 의문을 품자, 그는 양팔 저울과 g이 표시되어 있는 추를 이용하여 손님들에게 확인을 시키고 싶었다.

이진법 씨는 양팔 저울과 추를 사기 위해 동네 저울 가게에 갔다.

"양팔 저울과 추를 사러 왔어요."

"어떤 무게의 추를 드릴까요?"

"1g부터 15g까지 1g 간격으로 잴 수 있는 추가 필요해요."

"15종류의 추가 필요하겠군요."

이렇게 하여 이진법 씨는 1g짜리 추부터 15g짜리 추까지 15종류의 추를 샀다. 그리고 손님에게 금 덩어리를 팔 때, 양팔 저울에 추를 올려놓아 수평을 이루는 것을 보여 주었다. 손님들은 이진법 씨의 가게에서 안심하고 금 덩어리를 살 수 있었다.

이렇게 저울을 이용한 지 몇 달 후 이진법 씨는 6g의 금 덩어리와 수평을 유지시킬 때 6g짜리 추 대신 2g짜리 추와 4g짜리 추를 올려놓으면 된다는 사실을 알았다. 그러니까 6g짜리 추는 살 필요가 없었던 것이다.

이렇게 불필요한 추를 더 샀다고 생각한 이진법 씨는 저울 가게 주인 십진법 씨를 수학법정에 고소했다.

1g, 2g, 4g, 8g짜리 4개의 추를 적당히 올려놓으면
1g부터 15g까지의 모든 무게를 만들어 낼 수 있습니다.

여기는 수학법정 1g부터 15g까지 무게를 재는 데 필요 없는 추는 과연 몇 개일까요? 수학법정에서 알아봅시다.

피고 측 말씀하세요.

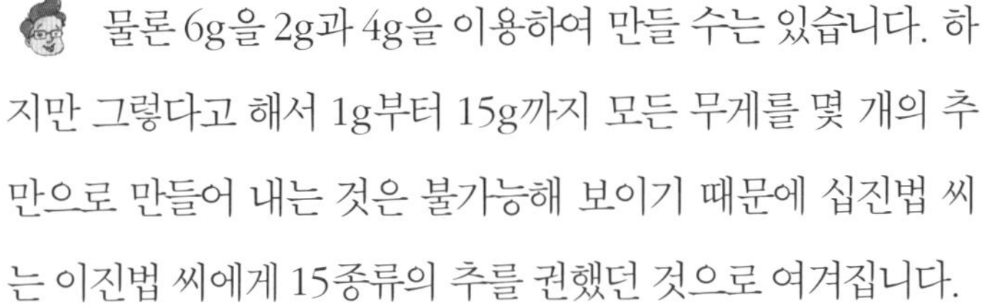

물론 6g을 2g과 4g을 이용하여 만들 수는 있습니다. 하지만 그렇다고 해서 1g부터 15g까지 모든 무게를 몇 개의 추만으로 만들어 내는 것은 불가능해 보이기 때문에 십진법 씨는 이진법 씨에게 15종류의 추를 권했던 것으로 여겨집니다.

원고 측 변론하세요.

디지털 연구소의 이비트 소장을 증인으로 요청합니다.

앞가르마를 하고 검은 안경을 쓴 사내가 증인석에 앉았다.

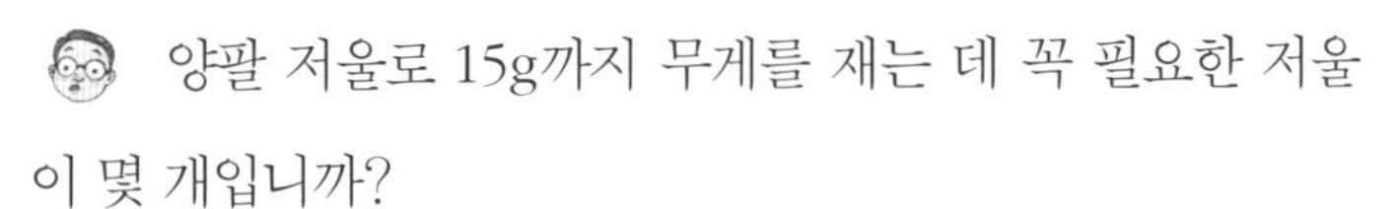

양팔 저울로 15g까지 무게를 재는 데 꼭 필요한 저울이 몇 개입니까?

4개입니다.

아니, 4개의 추만으로 15종류의 무게를 잴 수 있다는 건가요?

물론입니다.

그럼 4개의 추는 어떤 것이든 상관이 없습니까?

아닙니다. 반드시 1g, 2g, 4g, 8g짜리 추여야 합니다.

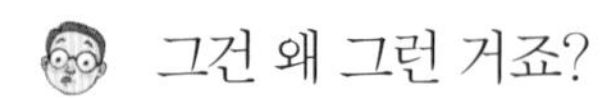 그건 왜 그런 거죠?

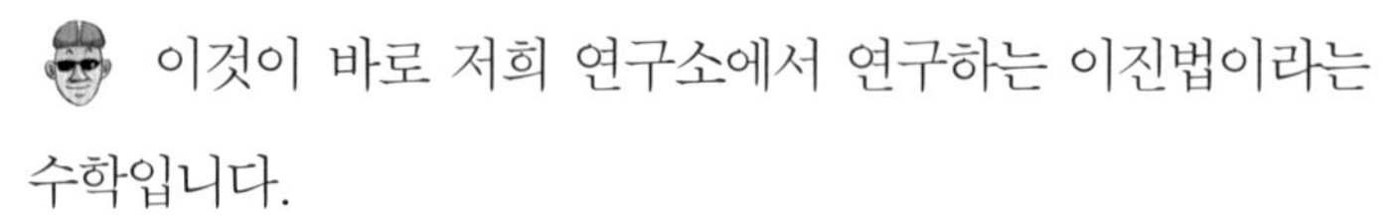 이것이 바로 저희 연구소에서 연구하는 이진법이라는 수학입니다.

좀 더 구체적으로 설명해 주시겠습니까?

화면을 보면서 설명하겠습니다.

$1 = 1$

$2 = 2$

$3 = 1 + 2$

$4 = 4$

$5 = 1 + 4$

$6 = 2 + 4$

$7 = 1 + 2 + 4$

$8 = 8$

$9 = 1 + 8$

$10 = 2 + 8$

$11 = 1 + 2 + 8$

$12 = 4 + 8$

$13 = 1 + 4 + 8$

$14 = 2 + 4 + 8$

$15 = 1 + 2 + 4 + 8$

화면에 보이듯이 1부터 15까지의 수는 1, 2, 4, 8 중 몇 개를 택해 더하면 얻어집니다. 추의 경우 2개의 추를 올려놓으면 무게가 더해지니까 1g, 2g, 4g, 8g짜리 4개의 추를 적당히 올려놓으면 1g부터 15g까지의 모든 무게를 만들어 낼 수 있습니다.

증인의 말처럼 이렇게 4개의 추만으로 1g부터 15g까지의 금 덩어리의 무게를 잴 수 있습니다. 그런데도 십진법 씨는 15개의 추를 이진법 씨에게 팔았습니다. 따라서 이진법 씨는 불필요한 추를 구입하여 손해를 입었다는 것이 본 변호사의 주장입니다.

이진법이라는 것이 무섭군요. 아무튼 증인이 설명한 것처럼 4개의 추만으로 15g까지의 모든 무게를 잴 수 있다는 것이 수학적으로 증명되었습니다. 본 수학법정은 수학적으로 완벽하게 증명된 사실은 다른 어떤 증거보다 우선시 하므로 이 사건에 대해 원고 승소 판결을 내립니다.

재판 후 이진법 씨는 1g, 2g, 4g, 8g짜리 추를 제외한 나머지 11개의 추를 모두 십진법 씨에게 돌려주고 추의 값을 보상받았다. 이진법 씨는 현재도 4개의 추만으로 금 덩어리를 팔고 있다.

십진법

우리는 십진법을 사용합니다. 십진법이 뭐냐구요?

간단해요. 1이 10개가 모이면 한 자리 위로 올라가 1이 되는 것이죠. 예를 들어 0부터 9까지의 수는 자리 수가 한 개인 수입니다. 이런 수들을 한 자리 수라고 하지요. 그럼 9보다 1이 더 많으면 뭐가 되죠? 1이 10개가 모이면 한 자리 올라가서 1이 되니까 10의 자리 수는 1이 되고 1의 자리 수는 비어 있으니까 10이라고 씁니다. 그러니까 10에서 1은 10의 자리 수가 1이고 1의 자리 수가 0이라는 것을 말합니다.

물론 10이 10개 모이면 다음 자리에 1이 올라가서 100이 됩니다. 이렇게 십진법에서는 10개가 되면 한 자리 올라가 1이 되는 규칙에 의해 점점 더 큰 수를 만들 수 있습니다. 그러므로 10진법의 자리 숫자는 반드시 0부터 9까지의 숫자만 사용됩니다.

그렇다면 다른 숫자의 진법도 있을까요?

물론입니다. 이진법, 삼진법, 사진법 등 얼마든지 만들 수 있습니다. 하지만 그 중에서도 십진법 다음으로 중요한 것은 이진법입니다. 왜냐하면 컴퓨터는 이진법을 이용하여 계산하기 때문입니다.

이제 이진법에 대해 알아보죠. 이진법에서는 2가 되면 윗자리로 1이 되어 올라갑니다. 예를 들어 이진법의 자연수 중 가장 작은 수는 1입니다. 1에 1을 더하면 2가 되는데, 이진법에서는 2라는 숫자는 사용할 수 없고 한 자리 위로 올라가서 1이 됩니다. 그래서 10이 되지요. 물론 이 때 $10_{(2)}$은 십이라고 읽지 않고 '이진법으로 나타낸 수 일영' 이라고 읽습니다.

이진법에서 1에 1을 더하면 2라는 숫자는 사용할 수 없고
한 자리 위로 올라가 $10_{(2)}$이 됩니다.

이진법에서 재미있는 수들이 나오겠지요? $10_{(2)}$보다 1이 더 크면 그 때는 낮은 자리 수를 채우면 되니까 $11_{(2)}$이 됩니다. 그럼 $11_{(2)}$보다 1이 더 큰 수는 무엇일까요? 우선 세로 셈으로 써 보죠.

$$\begin{array}{r} 11_{(2)} \\ +\ 1 \\ \hline \end{array}$$

여기서 1의 자리 숫자끼리 더하면 2가 되지요?

그런데 이진법에서는 2라는 숫자가 없어요. 그러니까 십진법에서 1이 10개가 모이면 윗자리로 1이 되어 올라가듯이 이진법에서도 2가 되면 한 자리 올라가서 1이 되죠. 그리고 1의 자리는 남는 수가 없으니까 0이 되고요. 그러니까 다음과 같이 되죠.

$$\begin{array}{r} 1\leftarrow \\ 11_{(2)} \\ +\ 1_{(2)} \\ \hline 0 \end{array}$$

이제 2의 자리를 계산해야겠군요. 1의 자리에서 올라온 1과 $11_{(2)}$에 있는 2의 자리 수 1을 더하면 2가 되어 역시 한 자리 올라

가 1이 되겠군요. 그러니까 다음과 같이 됩니다.

$$\begin{array}{r} 1\!\!\!\!^{\leftarrow} \\ 1 \\ 11_{(2)} \\ +\ \ 1_{(2)} \\ \hline 100_{(2)} \end{array}$$

아하! 이진법에서 $11_{(2)}$보다 1 큰 수는 놀랍게도 $100_{(2)}$이 되는군요. 물론 $100_{(2)}$은 백이 아니라 '이진법으로 나타낸 수 일영영'으로 읽어야 해요.

제3장

수 퍼즐 사건

수의 규칙성_ 도박으로 돈 번 사나이

규칙적으로 변하는 문자를 알아맞힐 수 있을까

덧셈과 뺄셈의 활용_ 삶은 계란과 모래시계

7분짜리와 11분짜리 모래시계로 15분을 잴 수 있을까

거듭제곱의 위력_ 엄청난 과외비

거듭제곱으로 매일 과외비가 올라가면 어떤 일이 벌어질까

규칙적으로 변하는 문자를
알아맞힐 수 있을까

사건 속으로

과학공화국 남부 해안의 카지노 시티는 많은 도박장이 성행 중이었다. 과학공화국 사람들은 카지노 시티의 해안에서 피서를 즐기면서, 저녁에는 가까운 카지노를 찾아 심심풀이로 게임을 즐기곤 했다.

매쓰 시티에 있는 매쓰킨 대학의 수학과 대학원생인 김수열 씨는 최근 게임과 수학의 관계에 대해 연구하고 있다. 그는 방학을 맞아 여자 친구 매쓰레스 양과 카지노 시티로 여행을 떠났다.

김수열 씨는 카지노 해안에서 매쓰레스 양과 즐거운 시간을 보냈다. 그런데 해수욕을 마치고 모래사장 속에 묻어 둔 지갑을 찾던 두 사람은 깜짝 놀랐다. 누군가 두 사람의 지갑을 훔쳐 간 것이었다.

이제 두 사람은 저녁 먹을 돈도 없었다. 다행히 매쓰레스 양이 비상금으로 챙겨둔 2,000원이 있었는데, 이것이 그들의 전 재산이었다. 하지만 그 돈으로는 매쓰 시티로 돌아가는 기차를 탈 수 없었다.

김수열 씨는 불안에 떨고 있는 매쓰레스 양을 데리고 돈튀겨 카지노로 갔다. 놀러 온 사람들로 카지노는 붐볐다.

그때 장내 아나운서의 멘트가 들렸다.

"오늘의 새로운 게임입니다. 게임에서 이기면 자신이 건 돈의 100배를 드리겠습니다."

김수열 씨는 100배라는 말에 귀가 솔깃해 그 곳으로 가 보았다. FUNAMIGO라는 간단한 게임이었다. F부터 시작하여 U, N, A로 글자가 바뀌고, 마지막 O 다음에는 거꾸로 G, I, M으로 바뀌고, 다시 F로 오면 U, N, A로 글자가 바뀌는 화면에서 마지막으로 나오는 문자를 맞히면 돈을 따는 것이었다. 게임 진행자가 말했다.

"맞히면 100배입니다. F부터 시작하여 1초마다 다른 문자로 바뀝니다. 이번에는 1,000초 후에 화면을 정지시키겠습니다. 자, 돈을 거세요!"

김수열 씨는 머리 속으로 계산을 했다. 그리고 전 재산인 2,000원을 G에 걸었다. 문자들이 정신없이 돌아가다가 G에서 멈추었다. 사람들이 김수열 씨에게 박수를 쳐 주었다.

김수열 씨는 재미를 붙여 계속 돈을 걸었다. 김수열 씨가 잘 맞히자 많은 사람들이 그가 건 문자에 돈을 걸었다. 이런 식으로 하여 많은 돈을 잃게 된 돈퇴겨 카지노는 김수열 씨를 수학법정에 고소했다.

1초마다 규칙적으로 변하는 문자를 알아맞히는 게임은
수의 규칙성을 안다면 항상 이길 수 있습니다.

여기는 수학법정

어떻게 김수열 씨는 어느 문자에서 화면이 멈출지를 정확히 맞힐 수 있었을까요? 수학법정에서 알아봅시다.

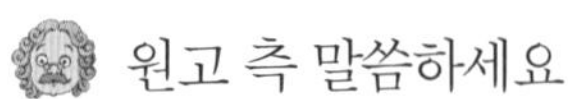

원고 측 말씀하세요

저는 어떻게 김수열 씨가 마지막으로 멈추는 문자를 정확하게 알아맞혔는지 모르겠습니다. 하지만 뭔가 꼼수가 있었을 것으로 생각되므로 김수열 씨가 돈튀겨 카지노에 큰 손실을 입혔다는 것을 강조하고 싶습니다.

피고 측 변론하세요.

김수열 씨의 지도 교수이자 매쓰킨 대학 수학과 교수인 매쓰풀 씨를 증인으로 요청합니다.

매쓰풀 교수가 증인석에 앉았다.

김수열 씨와의 관계를 말씀해 주세요.

김수열 씨는 제가 가르치고 있는 학생으로 이번 학기에 저에게 '게임과 수학' 이라는 과목을 들었습니다.

게임과 수학이 관계가 있습니까?

물론입니다. 특히 도박의 경우는 확률에 의해 돈을 딸 확률이 큰지 작은지를 결정할 수 있습니다.

이번 사건도 확률과 관계 있습니까?

이번 사건은 확률이 아니라 수의 규칙성과 관련이 있습니다.

그렇다면 김수열 씨가 수학의 힘으로 마지막으로 멈춘 문자를 정확하게 맞혔다는 얘기군요.

그렇습니다.

좀 더 자세하게 설명해 주시겠습니까?

이번 게임은 수의 규칙성을 아는 수학자라면 항상 이길 수 있습니다. F, U, N, A, M, I, G, O의 8개 문자가 F부터 시작하여 1초에 한 문자씩 바뀝니다. 이 문자들에 번호를 매기겠습니다.

처음의 F를 0이라고 하면 다음의 U는 1이 되고 마지막으로 O는 7이 됩니다. 그 다음은 G로 오니까 G는 8이 되는 거죠. 1초마다 문자가 바뀌니까 1초 후에는 U가 되고 2초 후에는 N이 되어 7초 후에 O, 8초 후에 G가 되어 다시 F로 돌아오는 것은 14초 후가 됩니다. 물론 15초 후에는 다시 U가 되겠죠.

그러니까 14초마다 UNAMIGOGIMANUF로 변하는군요.

바로 그것입니다. 그러니까 게임 진행자가 몇 초 후에 멈추겠다는 얘기를 했다면 그때의 문자는 자동으로 결정되는 것입니다.

어떻게 결정되죠?

이번 사건의 경우처럼 1,000초 후에 멈춘다고 해 보죠. 1,000을 14로 나눈 나머지만 알면 됩니다. 1000=14×71+6이므로 UNAMIGOGIMANUF로 변하는 것이 71번 반복되고 나서 6초 후의 문자에 멈추게 됩니다. 그러니까 G에서 멈추겠죠.

그런 수학이 숨어 있었군요. 아무튼 이번 게임에서 김수열 씨가 부정한 방법을 사용한 일은 없습니다. 오히려 아름다운 수학의 힘으로 돈을 번 만큼 그의 수학적 재능을 인정해 주어야 합니다. 그러므로 본 변호사는 피고 김수열 씨의 무죄를 주장합니다.

판결합니다. 최근 과학공화국에서는 수학에 재주가 있는 학생들이 증권이나 도박에 심취되어 있다고 합니다. 물론 위기의 상황에서 여자 친구와 집으로 돌아갈 차비를 마련하기 위해 수학 실력을 이용하여 카지노에서 돈을 딴 정황은 이해합니다. 하지만 수학적으로 답이 결정되어 있는 게임에 대해 지나친 돈 욕심으로 상대방인 돈튀겨 카지노에 엄청난 손실을 끼친 것은 앞으로 과학공화국을 짊어지고 나갈 수학도의 모습은 아니라고 봅니다.
카지노는 그야말로 목적이 아니라 재미있는 놀이가 되어야 합니다. 그런데 너무 많은 사람들이 한탕주의에 빠져 있는 현실을 비추어 볼 때, 수학의 힘으로 지나치게 많은 돈을 번 김수열 씨에게 도덕적인 책임을 묻지 않을 수 없습니다. 따라서 김수열 씨는 번 돈 중에서 자신과 여자 친구 교통비의 2배만큼만 번 것으로 인정하고 나머지는 돈퉈겨 카지노에 돌려줄 것을 판결합니다.

수학과 도덕 사이에서 많은 갈등을 한 흔적이 보이는 노판사의 명판결이었다. 이 사건 이후 대부분의 카지노에서는 수학과 대학원을 졸업한 사람들을 많이 채용했다. 그리고 그들은 수학을 이용하여 카지노에서 한탕하려는 수학자들을 견제하는 역할을 하게 되었다.

7분짜리와 11분짜리 모래시계로
15분을 잴 수 있을까

사건 속으로

황반숙 양은 최근에 다니던 직장을 그만두고 학교 앞에 분식집을 차릴 계획을 세웠다. 그러던 중 친구 홍계란 양이 매소초등학교 앞에서 운영하던 삶은 계란 가게를 넘긴다는 소문을 들었다.

자본이 그리 많지 않고 요리 솜씨가 별로인 황반숙 양은 계란 정도는 삶을 줄 알기 때문에 친구에게 부탁하여 싼 값에 가게를 얻었다.

간단하게 인테리어를 마친 황반숙 양은 계란을 삶기 위해 주방으로 갔다. 주방에는 다음과 같은 글이 붙어 있었다.

계란은 정확하게 15분 삶았을 때 가장 맛있어. 모래시계 2개로 15분 동안만 삶도록 해. - 친구 홍계란

황반숙 양은 2개의 모래시계를 보았다. 하나는 7분짜리이고, 또 하나는 11분짜리였다. 그녀는 이 2개의 모래시계로 15분을 만들 수 있는 방법이 떠오르지 않았다.
그래서 할 수 없이 7분짜리 모래시계를 두 번 사용해 14분을 잰 다음, 마음속으로 1부터 60까지 헤아려 1분을 더 기다리는 방법으로 재기로 했다.
하지만 수를 헤아려 1분을 정확하게 맞출 수는 없었다. 그러다 보니 계란을 삶을 때마다 맛이 조금씩 달랐다. 자연스레 학생들이 다른 가게로 발길을 돌렸다.
정확히 15분을 잴 수 없는 모래시계로 인해 맛있는 삶은 계란을 만들 수 없어 장사에 실패한 황반숙 양은 홍계란 양을 수학법정에 고소했다.

11−7+11=15라는 덧셈과 뺄셈 식을 이용하여
7분짜리와 11분짜리 모래시계로 15분을 잴 수 있습니다.

여기는 수학법정 7분짜리 모래시계와 11분짜리 모래시계로 과연 15분을 잴 수 있을까요? 수학법정에서 알아봅시다.

수학짱 판사

수치 변호사

매쓰 변호사

원고 측 말씀하세요.

홍계란 양은 황반숙 양에게 삶은 계란 가게를 넘기면서 주방의 모든 시설과 모래시계 2개를 함께 넘겼습니다. 그리고 가게를 인수한 황반숙 양은 이 모든 시설의 비용을 지불했습니다. 그런데 홍계란 양은 15분을 정확하게 잴 수 없는 2개의 모래시계를 넘겨 황반숙 양이 맛있는 삶은 계란을 만들 수 없게 했습니다. 따라서 황반숙 양이 입은 손해에 대한 보상을 홍계란 양에게 청구합니다.

 피고 측 변론하세요.

 덧셈 뺄셈 연구소의 이가감 박사를 증인으로 요청합니다.

이가감 박사가 증인석에 앉았다.

 증인의 연구소에서 하는 일은 뭡니까?

 저희는 생활 속에서 필요한 수학식 중 덧셈, 뺄셈만 사용하는 식에 대해 연구하고 있습니다.

 곱셈이나 나눗셈은 연구를 안 합니까?

그건 저희 연구소의 연구 분야가 아닙니다.

이번 사건에 대해 어떻게 생각하십니까?

2개의 모래시계로 정확히 15분을 잴 수 있습니다.

어떻게 그게 가능하죠?

덧셈과 뺄셈의 힘이죠. 다음과 같은 식이면 됩니다.

$$11 - 7 + 11 = 15$$

그런데 모래시계로 어떻게 뺄셈을 만들 수 있죠?

간단합니다. 우선 7분짜리 모래시계와 11분짜리 모래시계를 동시에 뒤집어 놓습니다. 그럼 7분짜리 모래시계가 먼저 끝날 것입니다. 이때, 그러니까 7분짜리 모래시계가 끝나는 순간 물에 계란을 넣습니다. 그리고 11분짜리 모래시계가 끝나는 순간 그 모래시계를 뒤집습니다. 그리고 11분짜리 모래시계가 다시 끝날 때 계란을 꺼내면 그 계란은 틀림없이 15분간 삶아지게 됩니다.

그러니까 7분짜리 모래시계가 끝난 뒤 11분짜리 모래시계가 끝날 때까지의 시간이 4분이니까 4+11=15를 이용하는 거군요.

그렇습니다.

존경하는 재판장님, 증인이 밝힌 것처럼 7분과 11분짜리 모래시계로 계란을 15분 동안 삶을 수 있는 수학적인 해결책이 있습니다. 그러므로 피고 홍계란 양은 황반숙 양이 입은 손해에 대해 책임을 질 필요가 없다고 생각합니다.

판결합니다. 덧셈과 뺄셈을 이용하여 7과 11로부터 15를 만들 수 있다는 피고 측의 주장은 설득력이 있습니다. 그러므로 홍계란 양이 건넨 2개의 모래시계로 15분 동안 조리한 맛있는 삶은 계란을 만들 수 있다는 점 또한 인정됩니다. 하지만 친구 사이인 두 사람 사이에서 가게를 사고 팔 때 수학식에 대한 친절한 설명을 하지 않은 홍계란 양의 책임 또한 묻지 않을 수 없습니다. 그러므로 이 사건에 대해 원고와 피고 모두에게 책임을 지도록 판결합니다.

재판 후 홍계란 양은 충분한 설명 없이 모래시계만 놔둔 점에 대해 황반숙 양에게 사과했고, 황반숙 양이 입은 손해의 일부를 보상했다. 그 후 황반숙 양은 2개의 모래시계로 15분을 정확히 맞추어 동네에서 가장 맛있는 삶은 계란을 만들게 되었다.

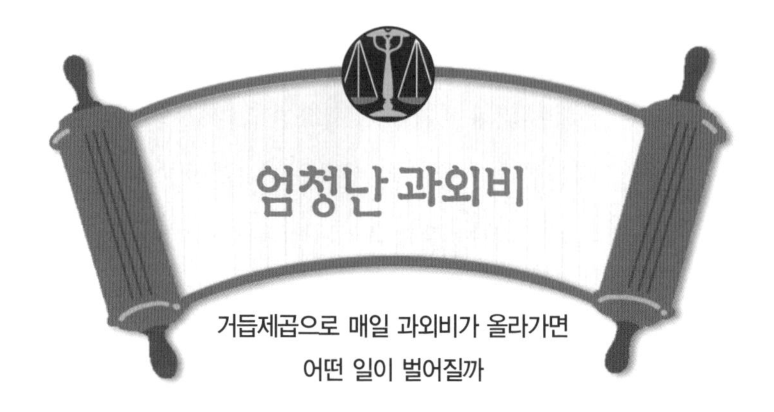

거듭제곱으로 매일 과외비가 올라가면
어떤 일이 벌어질까

사건 속으로

과학공화국 남부 해안의 작은 섬나라인 매쾅국은 수학을 정말 못하는 수똘 왕이 다스리고 있었다. 이 나라에는 100명 정도가 사는데 이 나라의 국민들 역시 덧셈만 겨우 할 줄 아는 사람들이었다.

수똘 왕은 성격이 포악하고 사치스럽기로 소문이 나서 이 나라 사람들은 모두 가난했다. 하지만 워낙 온순한 사람들이라 누구 하나 수똘 왕에게 맞설 생각을 하지 않았다.

그러던 중 매쓰 시티에서 수학 공부를 하고 돌아온 매쓰탑 군이 고향인 매광국을 찾아왔다. 그는 수똘 왕을 골탕 먹이고 싶었다.

마침 수똘 왕이 아들의 수학 과외 선생을 찾았다. 아들의 수학 시험일까지 30일 동안 매일 아들에게 수학을 가르칠 선생을 구하는 것이었다.

수똘 왕은 매쓰 시티에서 수학 공부를 하고 돌아온 매쓰탑 군에 대한 소문을 듣고 그를 궁으로 불렀다.

"얼마를 주면 되겠나?"

"오늘부터 가르칠 테니까 오늘은 1원만 주세요."

"1원? 좋아 나중에 딴소리하면 안 되네."

"대신 조건이 있어요."

"뭔가?"

"매일 전날 준 돈의 2배씩 주세요."

"2배라……."

수똘 왕은 잠시 생각에 잠겼다. 그는 속으로 '내일은 2원, 모래는 4원, 글피는 8원, 얼마 안 되는군!' 하고 생각하며 흔쾌히 조건을 받아들였다.

그런데 수똘 왕이 갑자기 다른 나라를 방문할 일이 생겨 과외비는 귀국 후에 주기로 매쓰탑 군과 약속했다.

매쓰탑은 남은 기간 동안 열심히 수학을 가르쳤다. 과외가 끝나는 날 수똘 왕이 돌아왔다. 그는 동전 주머니를 가지고 와서 매쓰탑 군에게 밀린 과외비를 지불하려 했다.

"내가 지급해야 할 돈이 얼마지?"

"10억 7,374만 1,823원입니다."

매쓰탑 군이 계산서를 건네주며 왕에게 말했다. 수뚤 왕은 매쓰탑 군이 사기를 치고 있다며 그를 수학법정에 고소했다.

앞의 수의 2배씩 수가 커지면 나중에는
상상할 수도 없을 만큼 큰 수가 나오게 됩니다.

여기는 수학법정	매쓰탑 군이 받아야 할 돈이 과연 10억 7,374만 1,823원일까요? 수학법정에서 알아봅시다.

수학짱 판사

수치 변호사

매쓰 변호사

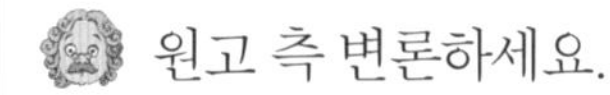

도대체 이런 계산이 어떻게 나왔는지 이해를 할 수 없습니다. 아마도 매쓰탑 군이 계산을 할 때 자리 수를 잘못 맞춰 이런 결과가 나오지 않았나 싶습니다. 수학적으로 생각할 때 1원에 2원, 2원에 4원, 4원에 8원, 이런 식으로 더해서 이렇게 큰 액수가 나온다는 것은 있을 수 없는 일이라는 게 본 변호사의 주장입니다.

피고 측 변론하세요.

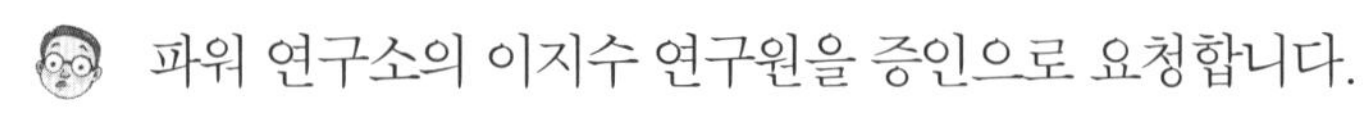

짧은 미니스커트에 화사한 꽃무늬 블라우스를 입은 20대 중반의 아가씨가 증인석에 앉았다.

증인이 하는 일을 말씀해 주세요.

거듭제곱에 대한 연구를 하고 있습니다.

거듭제곱이란 뭐죠?

2를 두 번 곱하는 것을 2의 제곱이라고 합니다. 또한 2를 세 번 곱하는 것을 2의 세제곱, 2를 네 번 곱하는 것을 2

의 네제곱이라고 합니다. 이렇게 거듭해서 같은 수를 곱하는 것을 거듭제곱이라고 합니다.

그럼 본 사건으로 들어가겠습니다. 1원부터 시작해서 매일 2배가 되면 30일 동안 받을 돈이 10억 원이 넘습니까?

제가 계산해 본 바로는 그렇습니다.

어떻게 그렇게 되는지 잘 이해가 안 가는군요.

앞의 수의 2배씩 수가 커지면 나중에는 상상할 수도 없을 만큼 큰 수가 나오게 됩니다.

큰 수가 나온다는 것이 잘 믿어지지 않습니다.

하루에 받아야 할 돈이 첫 날은 1원, 둘째 날은 그것의 2배인 2원, 3일째는 4원, 4일째는 8원이 되어 11일째에는 1,024원이 되고, 다음 10일 후인 21일째에는 1,024의 1,024배인 104만 8,576원이 되며, 다음 9일 후인 30일째는 5억 3,687만 912원이 됩니다.

엄청나군요.

그러니까 이렇게 30일 동안 받을 돈을 모두 합하면 수똘 왕이 지불해야 할 돈은 10억 7,374만 1,823원이 되는 것입니다.

놀랍군요. 2배씩 커진다는 것이 이런 위력을 가지고 있다는 것을 처음 알았습니다. 존경하는 재판장님, 매쓰탑 군은 수똘 왕과 계약한 대로 30일 동안의 과외비를 청구했습니다. 이 계약에는 어떠한 강요도 있지 않았으므로 수똘 왕은 매쓰탑 군에게 30일치 과외비 10억 7,374만 1,823원을 지불해야 한다는 것이 본 변호사의 주장입니다.

판결합니다. 수학법정은 일반 법정과는 달라 수학적으로 계약서의 내용이 맞는지 틀리는지를 판단합니다. 계약서에서 하루에 전날 받은 돈의 2배씩 올려 받기로 한 부분은 수학에서 사용할 수 있는 규칙이고, 이 점에 대해 원고인 수똘 왕이 분명히 동의를 한 점이 인정됩니다. 전날 받은 돈의 2배를 받기로 한 약속은 누가 계산해도 액수가 정확하게 같으므로 피고 측 증인이 계산한 대로 원고인 수똘 왕은 피고에게 과외비를 지급할 것을 판결합니다.

재판이 끝난 후 매쓰탑 군은 수똘 왕에게 10억 7,374만 1,823원를 받아 냈다. 그는 이 돈으로 마을 사람들과 함께 마을 농장을 지어 그들이 재배한 농산물을 매쓰 시티에 직거래했다. 한편 수똘 왕은 이번 재판으로 알거지가 되어 매쓰탑이 경영하는 마을 농장에서 열심히 일하고 있다.

수열 이야기

어떤 규칙성이 있는 수들의 나열이 있습니다. 예를 들어 1, 2, 3, 4, …는 1씩 커지는 수의 나열입니다. 또한 1, 3, 5, 7, …은 2씩 커지는 수의 나열입니다. 이렇게 일정한 규칙에 따라 수가 변할 때 그 수들의 나열을 '수열'이라고 합니다.

그렇다면 어떤 수열이 있는지 알아보기로 하죠. 우선 일정한 숫자만큼 커지는 수열이 있어요. 다음 수열을 보죠.

1 3 5 7 □ …

□ 안에 들어갈 수는 어떤 수일까요?

이 수열은 앞의 수보다 2씩 커지고 있군요. 그러니까 □ 안에 들어갈 수는 7보다 2가 큰 수인 9가 됩니다.

이번에는 다음과 같은 수열을 보죠.

1 2 4 8 …

2는 1에 2를 곱한 수이고, 4는 2에 2를, 8은 4에 2를 곱한 수이죠.

그러니까 이 수열의 수는 일정한 수를 곱하여 만들어지는 수들입니다. 그럼 다음 수열에서 □ 안에 들어갈 알맞은 수를 구해 보세요.

16 8 4 2 □ …

어랏! 숫자가 점점 작아지는군요. 어떤 규칙이 있을까요?

16을 8로 나누면 2이고, 8을 4로 나누면 2이고, 4를 2로 나누면 2이고, 그러니까 앞의 숫자를 뒤의 숫자로 나누면 2가 되는 수열이군요. 그런데 2로 나눈다는 것은 $\frac{1}{2}$을 곱하는 것과 같지요? 그러니까 이 수열은 앞의 수에 $\frac{1}{2}$을 곱하여 다음 수가 얻어지는 수열입니다. 즉, 일정한 숫자가 곱해지는 수열이지요. 그러므로 □ 안의 수는 2에 $\frac{1}{2}$을 곱한 수인 1이 됩니다.

수열의 덧셈

그럼 수열의 덧셈은 어떻게 할까요? 예를 들어 일정한 수만큼 더해지는 수열의 덧셈을 살펴봅시다. 다음과 같은 셈을 보죠.

1+2+3+4+5+6+7+8+9+10

그냥 더할 수도 있지만, 다른 쉬운 방법이 있을까요? 물론 있지요. 구하고자 하는 식을 [가]라고 하면,

[가] = 1+2+3+4+5+6+7+8+9+10

이번에는 수들을 거꾸로 써 봅시다.

[가] = 10+9+8+7+6+5+4+3+2+1

두 식을 함께 써 보죠.

[가] = 1+2+3+4+5+6+7+8+9+10
[가] = 10+9+8+7+6+5+4+3+2+1

어랏! 이렇게 써 놓고 보니까 위아래의 수를 더하면 각각 11이

되는군요. 그럼 [개의 2배가 11의 10배인 110이 되니까 [개는 110의 절반인 55가 됩니다.

이렇게 일정한 숫자가 더해지는 수들의 합을 계산하는 방법을 처음 알아낸 사람은 독일의 수학자 가우스입니다.

그는 초등학교 1학년 때 이 방법으로 1부터 100까지 수의 합을 구했다고 합니다.

일정한 숫자가 더해지는 수들의 합을 계산하는 방법을 처음으로 알아낸 사람은 독일의 수학자 가우스입니다.

제4장

약수, 배수에 관한 사건

배수_ 숫자가 지워진 영수증

숫자가 지워진 영수증을 주어 손해를 보았다면 누구 책임일까

최대공약수_ 김밥 속 숫자 비밀

70줄의 단무지와 105줄의 소시지를 남기지 않고 김밥을 말 수 있을까

최소공배수_ 언제 오라는 거죠?

3일 간격과 3일 후는 어떤 차이가 있을까

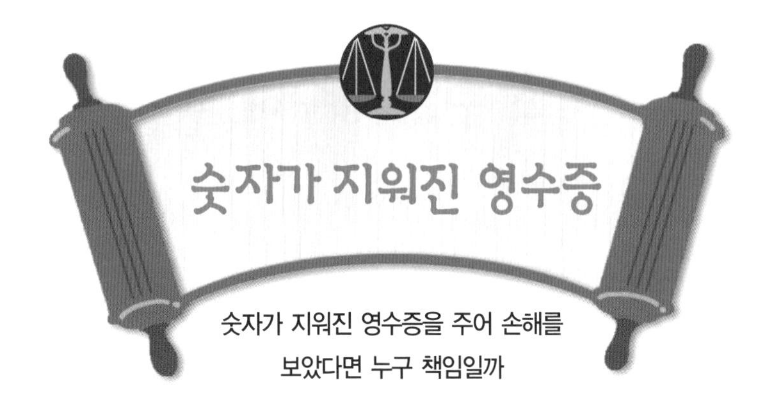

사건 속으로

김붕어 씨는 지오 시티에서 금붕어 가게를 운영하다가 최근에 해외 배낭여행을 하기 위해 금붕어 가게를 처분했다. 그는 남아 있는 금붕어 72마리를 친구인 이빙어 씨에게 원가에 넘기고 영수증을 써 주었다.

이빙어 씨는 금붕어 가게의 인테리어를 고치느라 김붕어 씨가 건네준 영수증을 잊고 있었다. 이빙어 씨가 모든 일을 끝내고 금붕어의 가격을 정하기 위해 영수증을 찾았다.

그런데 영수증을 보는 순간 이빙어 씨는 깜짝 놀랐다. 영수증에 금붕어 72마리의 값을 써 놓은 곳에서 맨 앞의 숫자와 맨 마지막 숫자가 지워져 알아볼 수 없었기 때문이다.

금붕어 72마리 : □679□ 원

이빙어 씨는 금붕어 한 마리의 원가를 알아야 적당한 이윤을 남기도록 금붕어 값을 정할 수 있었다. 그런데 금붕어의 총액을 알 수 없어 뒤늦게 김붕어 씨를 수소문했지만 어느 나라에 있는지를 알 수 없었다. 할 수 없이 이빙어 씨는 김붕어 씨가 돌아올 때까지 가게 개점을 연기하기로 했다.

한 달 후 김붕어 씨를 만난 이빙어 씨는 훼손된 영수증 때문에 한 달 동안 가게를 운영할 수 없었으니 그 손해를 배상하라고 했다. 이에 김붕어 씨는 손해 배상을 할 수 없다고 버텨 결국 이 사건은 수학법정으로 넘어가게 되었다.

72가 8과 9의 곱이라는 것을 이용해 금붕어 한 마리의 값을
정확하게 알 수 있는 것이 수학의 힘입니다.

여기는 수학법정

숫자가 지워진 영수증에서 금붕어 한 마리의 원가를 알아낼 수 있을까요? 수학법정에서 알아봅시다.

수학짱 판사

수치 변호사

매쓰 변호사

원고 이빙어 씨가 피고 김붕어 씨에게 청구한 손해 배상 청구 사건에 대한 재판을 시작합니다. 원고 측 말씀하세요.

이빙어 씨는 김붕어 씨에게 금붕어 72마리를 사고 영수증을 받았습니다. 그런데 금붕어 가게를 차리기 위한 다른 준비를 하다가 이빙어 씨는 자신이 금붕어 72마리의 값으로 지불한 총액을 잊어버렸습니다. 그래서 영수증을 보았더니 증거로 제출한 영수증에는 맨 처음 숫자와 맨 마지막 숫자가 지워져 있었습니다.
맨 마지막 숫자는 1의 자리 수이므로 큰 영향을 미치지 않지만 맨 앞의 숫자는 만의 자리 수이므로 이 숫자가 달라지면 금붕어 한 마리의 값은 크게 달라지게 될 것입니다. 그리하여 이빙어 씨는 김붕어 씨를 만날 때까지 개점을 미루어서 손해를 입었으므로 김붕어 씨는 이빙어 씨의 손해를 배상할 책임이 있다는 것이 본 변호사의 생각입니다.

 피고 측 말씀하세요.

영수증 수학의 권위자인 한영수 박사를 증인으로 요청합니다.

깔끔한 정장에 빨간 나비넥타이를 맨 노신사가 증인석에 앉았다.

증인은 이번 사건의 유일한 증거 자료인 영수증을 본 적이 있죠?

경찰에서 저에게 영수증을 조사해 달라고 의뢰가 들어왔었습니다.

그때 증인은 이 영수증으로 금붕어 한 마리의 가격을 알 수 있다고 증언했다고 하는데, 그것이 사실입니까?

사실입니다. 이 영수증에서 지워진 만의 자리 수와 1의 자리 수를 알 수 있습니다.

잘 이해가 안 가는군요. 자세히 설명해 주시겠습니까?

72마리의 가격이라는 것이 가장 결정적인 단서입니다.

그 점도 이해가 안 가는군요.

우선 지워진 만의 자리 수를 □, 1의 자리 수를 △라고 하면 금붕어 72마리의 가격은 □679△원입니다. 그러니까 □679△는 72의 배수가 되어야 합니다. 그런데 72는 8과 9의 곱이니까 □679△는 8의 배수이면서 동시에 9의 배수가 되어야 합니다.

그렇군요. 그럼 □와 △는 어떻게 결정하죠?

우선 8의 배수의 조건을 쓰도록 하겠습니다. 8의 배수가 되려면 끝의 세 자리 수 79△가 8의 배수가 되어야 합니다. 그러니까 △는 2가 되겠죠.

놀랍군요. 그럼 □는요?

△가 2로 결정되었으니까 영수증의 수는 □6792입니다. 그런데 이것이 9의 배수이니까 각 자리 수의 합이 9의 배수가 되어야 하죠. 그러니까 □+6+7+9+2가 9의 배수가 되어야 합니다.

그렇다면 □는 3이군요.

그렇습니다. 따라서 영수증의 수는 36792입니다. 이것이 금붕어 72마리의 값이므로 금붕어 한 마리의 값은 511원이 됩니다.

맞습니다. 72가 8과 9의 곱이라는 것을 이용해 금붕어 한 마리의 값을 정확하게 알 수 있는 것이 수학의 힘입니다. 그런데 이빙어 씨는 지워진 숫자를 수학적으로 찾으려는 어떠한 시도도 하지 않았습니다. 만일 이빙어 씨가 수학 상담실에 영수증을 들고 갔더라면 금붕어 한 마리의 값을 쉽게 알아낼 수 있었으리라는 점을 고려할 때, 이 사건에 대해 김붕어 씨는 아무런 책임이 없다고 본 변호사는 주장합니다.

금붕어 한 마리의 값이 수학적으로 계산된다는 피고 측의 주장이 좀 더 설득력 있는 것은 인정합니다. 하지만 이빙어 씨에게 훼손된 영수증을 준 김붕어 씨의 행위는 그것이 비록 모르고 한 일이더라도 어느 정도 책임을 져야 한다고 생각합니다. 그러므로 이빙어 씨가 입은 손해에 대해 김붕어 씨가 10%의 손해 배상을 하도록 판결합니다.

이빙어 씨는 재판 결과에 불복해 상위 법원인 수학고등법정에 상고했지만 수학법정에서의 판결을 뒤집지는 못했다. 그리고 이빙어 씨는 주말마다 매쓰 시티의 대학생에게 수학을 배우고 있다. 그가 주로 배우는 수학은 약수와 배수이다.

70줄의 단무지와 105줄의 소시지를
남기지 않고 김밥을 말 수 있을까

사건 속으로

김밥촌 씨는 시내에서 김밥집 '김밥 옆구리'를 운영하고 있다. 그는 김밥에 들어가는 재료의 원가에 따라 김밥 값을 다르게 결정하고 있다. 그러니까 단무지가 두 줄 들어간 김밥이 단무지가 한 줄 들어간 김밥보다 비싸다.

김밥촌 씨는 김밥 재료인 단무지와 소시지를 재료상인 소부업 씨에게 주문한다. 소부업 씨는 단무지와 소시지를 김밥에 맞는 적당한 길이로 만들어 김밥촌 씨에게 납품했다.

어느 날 아침, 김밥촌 씨는 아침부터 김밥을 만드느라 분주했다. 그는 소부업 씨로부터 배달된 단무지와 소시지를 한 줄씩 넣어 김밥을 만들었다.

그런데 김밥 70개를 만들고 났더니 단무지는 모두 사용되었지만 소시지가 35줄이나 남았다. 김밥에는 최소한 두 종류의 재료가 들어가야 하므로 소시지만 넣어서 김밥을 쌀 수는 없었다.

김밥촌 씨는 결국 35줄의 소시지를 사용하지 못한 채 그 날 장사를 끝냈다. 소시지 35줄을 버리게 된 김밥촌 씨는 반품해 달라고 소부업 씨에게 요구했으나 소부업 씨는 이를 거절했다. 그리하여 이 사건은 수학법정에 넘어갔다.

단무지가 70개, 소시지가 105개인 경우 70과 105의 최대공약수가 35이므로 단무지는 2줄씩, 소시지는 3줄씩 넣어 35개의 김밥을 쌀 수 있습니다.

여기는 수학법정 소시지 35줄이 안 남도록 김밥을 싸는 방법은 없을까요? 수학법정에서 알아봅시다.

수학짱 판사

수치 변호사

매쓰 변호사

원고인 김밥촌 씨가 피고 소부업 씨에게 청구한 소시지 값 청구 소송에 대한 재판을 시작합니다. 원고 측 변론하세요.

소부업 씨는 김밥촌 씨에게 단무지는 70줄을 공급하고 소시지는 105줄을 공급했습니다. 김밥촌 씨는 하나의 김밥에 소시지 하나와 단무지 하나씩을 넣었고 이로 인해 35줄의 소시지가 남았습니다. 이 소시지는 김밥에 들어가지 못하고 버려졌으므로 소부업 씨는 이것에 대해 김밥촌 씨가 입은 손해를 배상할 책임이 있다는 것이 본 변호사의 생각입니다.

피고 측 변론하세요.

과학공화국 최대의 김밥 체인점 '김이요 밥이요'를 운영하는 김과밥 사장을 증인으로 요청합니다.

김밥이 그려져 있고 그 밑에 큰 글씨로 '김이요 밥이요'라고 쓰여져 있는 티셔츠를 입은 사나이가 증인석에 앉았다.

증인은 여러 종류의 김밥을 개발한 걸로 유명한데 어떤 김밥들입니까?

누드김밥, 슈퍼김밥, 미니김밥 등 100여 종의 김밥을 개발했습니다.

누드김밥은 알겠는데, 슈퍼김밥은 뭐죠?

이름 그대로 큰 김밥을 말합니다. 보통 김밥 지름의 2배 정도가 되는 김밥이죠. 그래서 재료가 많이 들어가죠.

그렇군요. 그런데 이 사건에 대해서는 어떻게 생각하십니까?

소시지를 하나도 남기지 않고 김밥을 쌀 수 있습니다.

어떻게 그게 가능하죠? 소시지가 더 많지 않습니까?

단무지는 70개이고 소시지는 105개이죠? 70과 105의 최대공약수는 35입니다. 그러니까 35개의 김밥을 싸면 됩니다.

잘 이해가 안 가는군요.

김밥에 소시지와 단무지를 한 줄씩만 넣어야 한다는 편견을 버려야 합니다. 35개의 김밥을 만들려면 단무지는 2줄씩 넣고 소시지는 3줄씩 넣습니다. 그러니까 커다란 김밥이 되겠죠. 대부분의 손님이 김밥을 2줄 정도 먹는데 이 김밥은 한 줄만 먹어도 든든합니다. 그리고 재료비의 원가에 적당한 이윤을 붙이면 손해 볼 일은 없습니다.

그런 방법이 있었군요. 존경하는 재판장님, 증인이 얘기했듯이 분명히 소시지를 남기지 않는 방법이 있었습니다.

그럼에도 불구하고 김밥촌 씨는 소부업 씨로부터 공급받은 단무지와 소시지의 개수를 헤아리지 않았습니다. 그러므로 김밥촌 씨가 입은 손해에 대해 소부업 씨는 책임이 없다고 생각합니다.

판결합니다. 김밥촌 씨가 수학적으로 해결할 수 있는 방법이 있었으므로 원고의 주장은 인정할 수 없습니다. 그러므로 소부업 씨는 원고 김부업 씨에게 소시지 35줄 값을 지불할 의무가 없다고 판결합니다.

최대공약수를 몰라 재판에서 진 김밥촌 씨는 그 날 이후 최대공약수에 대한 공부를 철저히 했다. 그리고 그는 최대공약수를 이용하여 단무지 2줄과 소시지 3줄이 들어간 '2+3 김밥'과 단무지 3줄과 소시지 2줄이 들어간 '3+2 김밥'을 개발하여 선풍적인 인기를 끌었다. 그리하여 '김이요 밥이요'와 어깨를 나란히 하는 김밥 체인점 '김밥 2+3'의 사장이 되었다.

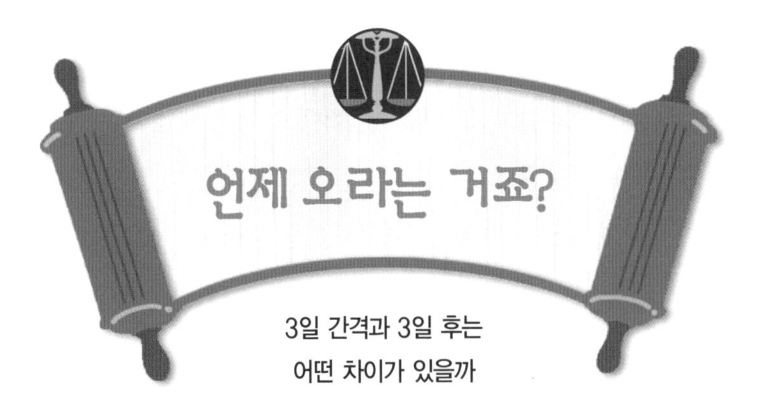

3일 간격과 3일 후는
어떤 차이가 있을까

사건 속으로

매쓰 시티에서 컴퓨터 회사 워드맨을 운영하는 칼시간 사장은 철저한 시간 관리로 유명했다. 그와의 약속에서 단 1분이라도 늦는 사람은 바로 해고가 될 정도였다. 그래서인지 그의 회사에서는 지각하는 직원을 단 한 명도 찾아볼 수 없었다. 지각은 바로 해고를 의미하기 때문이었다.

워드맨 회사는 다른 사람들의 워드 일을 대신 해 주는 일을 하는데, 최근 주문량이 많아 아르바이트를 써야만 했다. 그는 아르바이트생 2명을 만났다. 두 사람은 같은 대학에 다니는 김삼일 군과 이오일 군이었다.

"두 사람은 오늘은 회사에서 종일 일하세요. 그리고 김삼일 군은 3일 쉬고 그 다음 날 집에서 워드 작업을 하여 회사로 원고를 보내고, 이오일 군은 5일 쉬고 그 다음 날 집에서 워드 작업을 하여 원고를 회사로 보내세요. 그런 식으로 계속 일을 하면 됩니다."

"그럼 회사는 언제 오나요?"

"두 사람이 함께 일하게 되는 날에는 두 사람 모두 오전 8시까지 내 방으로 와서 그 동안 일한 내용을 보고해야 합니다."

이렇게 하여 두 사람은 3월 1일에 회사에서 일을 하고, 각자 자신이 일해야 하는 날을 잘 기억해 워드 작업 한 것을 회사로 보냈다. 두 사람은 서로 이메일을 주고받으며 둘이 함께 일하는 날인 3월 16일에 칼시간 사장을 만나러 갔다. 하지만 칼시간 사장은 왜 3월 13일에 오지 않았냐며 두 사람을 해고했다.

두 사람은 자신들은 분명히 같이 일하는 날인 3월 16일에 회사에 갔다며 칼시간 사장을 수학법정에 고소했다.

3일 쉬고 하루 일하는 사람과 5일 쉬고 하루 일하는 사람이 함께 일하는 날은
4와 6의 최소공배수 만큼 지난 날, 즉 12일 후입니다.

여기는 수학법정

두 사람은 3월 13일에 출근해야 했을까요, 아니면 3월 16일에 출근해야 했을까요? 수학법정에서 알아봅시다.

수학짱 판사

수치 변호사

매쓰 변호사

 조금 복잡해 보이는 사건이군요. 원고 측 말씀하세요.

두 사람은 3월 1일에 동시에 출근했으므로 다음에 출근해야 하는 날이 며칠 후인지를 계산하면 되는 문제입니다. 김삼일 군은 3일을 쉬고 그 다음 날 일하고, 이오일 군은 5일을 쉬고 그 다음 날 일하므로 3과 5의 최소공배수인 15일 후에 두 사람이 같이 일하게 되어 그 날 8시까지 회사에 가면 됩니다. 그러니까 3월 1일에서 15일 후인 3월 16일에 출근한 것이므로 두 사람은 칼시간 사장과의 약속을 지킨 셈입니다. 따라서 두 사람을 부당 해고한 칼시간 사장은 그들을 복직시켜야 한다고 생각합니다.

 피고 측 말씀하세요.

 LCM 연구소의 최소공 박사를 증인으로 요청합니다.

외국인처럼 콧날이 오뚝한 2대 8 가르마의 사내가 증인석에 앉았다.

 LCM 연구소는 무엇을 하는 곳이죠?

 LCM은 영어로 최소공배수를 뜻합니다. 그러니까 우리

연구소는 최소공배수를 연구하는 곳입니다.

그럼 이번 사건에 대해서 어떻게 생각하십니까?

최소공배수를 사용하는 문제이지만 두 사람이 최소공배수를 잘못 적용한 것 같습니다.

구체적으로 말씀해 주시겠습니까?

3일을 쉬고 그 다음 날 일하는 사람과, 5일을 쉬고 그 다음 날 일하는 사람이 처음으로 동시에 일하는 날은 3과 5의 최소공배수인 15일 후가 아닙니다.

그럼 며칠 후죠?

다음의 차트를 준비해 왔습니다.

	김삼일	이오일
3월 1일	○	○
3월 2일	×	×
3월 3일	×	×
3월 4일	×	×
3월 5일	○	×
3월 6일	×	×
3월 7일	×	○
3월 8일	×	×
3월 9일	○	×
3월 10일	×	×
3월 11일	×	×
3월 12일	×	×
3월 13일	○	○
3월 14일	×	×
3월 15일	×	×
3월 16일	×	×

차트에서 ○은 일하는 것을 나타내고, ×는 쉬는 것을 나타냅니다. 차트에 보듯이 3일 쉬고 하루 일하는 김삼일 군과 5일 쉬고 하루 일하는 이오일 군이 함께 일하는 날은 12일 후인 3월 13일이 맞습니다.

12일 후라는 것은 어디서 나온 것인가요?

3일 쉬고 하루 일하는 경우의 3+1=4와 5일 쉬고 하루 일하는 경우의 5+1=6의 최소공배수가 바로 12입니다. 그래서 12일마다 두 사람이 출근해야 하는 것입니다.

그렇습니다. 증인이 차트에서 보여 준 것처럼 3일 쉬고 하루 일하는 사람과 5일 쉬고 하루 일하는 사람이 함께 일하는 날은 3과 5의 최소공배수가 아니라 4와 6의 최소공배수만큼 지난 날이 됩니다. 4와 6의 최소공배수는 12이므로 두 사람은 12일 후에 회사에 출근해야 하는데, 그보다 3일 후인 3월 16일에 출근했으므로 해고 사유가 된다고 생각합니다.

판결합니다. 수학법정은 계약서가 수학적으로 성립이 되는가를 판단합니다. 최소공 박사가 차트로 보여 주었듯이 이 계약에는 약간의 함정이 있었다고 하나, 그 정도의 함정에 넘어간 것은 김삼일 군과 이오일 군의 최소공배수에 대한 실력이 부족했기 때문이라고 판단합니다. 따라서 원고 측의 주장은 이유가 없다고 판단되어, 피고 칼시간 사장의 두 사람에 대한 해고는 정당하다고 판결합니다.

재판 후 두 사람은 최소공배수를 열심히 공부했다. 또 그들은 새로운 게임에 빠졌는데, 그것은 바둑 돌로 최소공배수를 연습하는 게임이었다. 김삼일 군은 검은 돌 3개를 놓고 다음에 흰 돌을 놓고, 이오일 군은 검은 돌 5개를 놓고 다음에 흰 돌을 놓는 것인데, 이렇게 하면 12번째마다 두 사람은 똑같이 흰 돌을 놓게 된다.

배수

어떤 수 A가 어떤 수 B로 나누어 떨어지면, B를 A의 약수라 하고 A를 B의 배수라고 합니다. 예를 들어 6의 약수를 보죠. 6은 어떤 수로 나누면 떨어질까요? 6은 1로 나누어 떨어지므로 1은 6의 약수입니다. 이런 식으로 따지면 6을 나누어 떨어지게 하는 수는 1, 2, 3, 6의 네 수입니다. 그러므로 6의 약수는 1, 2, 3, 6입니다.

그럼 이제 배수에 대해 알아봅시다. 어떤 수가 2의 배수일까요? 2, 4, 6, 8, … 과 같은 수들입니다.

수학자들은 수를 보는 순간 그 수가 어떤 수의 배수인지를 맞힐 수 있는 방법을 알아냈습니다. 하나씩 살펴봅시다.

● 2의 배수

1의 자리 숫자가 0, 2, 4, 6, 8이면 그 수는 다른 자리 숫자와 상관없이 2의 배수입니다. 예를 들어 378678은 일의 자리 숫자가 8이므로 2의 배수입니다.

● 3의 배수

각 자리 숫자의 합이 3의 배수이면 그 수는 3의 배수입니다. 예

를 들어 12345에서 1+2+3+4+5=15이고 15가 3의 배수이므로 12345는 3의 배수입니다.

● 4의 배수

끝의 두 자리 수가 4의 배수이면 그 수는 4의 배수입니다. 예를 들어 3678024에서 끝의 두 자리 수는 24이고 24는 4의 배수이므로 3678024는 4의 배수입니다.

● 5의 배수

5의 배수는 아주 간단하지요. 1의 자리 수가 0이나 5이면 그 수는 무조건 5의 배수입니다.

● 9의 배수

각 자리 숫자의 합이 9의 배수이면 그 수는 9의 배수입니다. 예를 들어 74259는 9의 배수입니다.

● 11의 배수

11의 배수를 찾을 수 있는 규칙이 있을까요? 물론 있습니다. 11의 배수인 121을 보면 1+1=2입니다. 그러니까 하나 건너뛴 자리 수들의 합끼리 같으면 11의 배수입니다. 예를 들어 1782는 1+8=7+2이므로 11의 배수입니다.

1의 자리 숫자가 0, 2,, 4, 6, 8이면 그 수는 다른 자리 숫자와 상관없이 2의 배수입니다.

소수

1과 자기 자신만을 약수로 갖는 수를 소수라고 합니다. 2는 약수가 1과 2뿐이므로 소수이죠. 하지만 4는 1과 4 이외에 2도 약수이므로 소수가 아닙니다. 그러니까 모든 소수의 약수의 개수는 2개입니다. 그럼 몇 개의 소수를 살펴보죠.

$$2, 3, 5, 7, 11, 13, 17, \cdots$$

어랏! 짝수인 소수는 2밖에 없군요. 그렇습니다. 2를 제외한 모든 소수는 홀수입니다. 그럼 소수는 끝이 있을까요? 아닙니다. 소수는 무한히 많습니다. 왜 그런지 간단히 살펴보죠.

5가 제일 큰 소수라고 해 보죠. 그럼 소수는 2, 3, 5의 3개가 됩니다. 이때 모든 소수를 곱한 수에 1을 더한 수를 생각합시다. 그러니까 $2\times3\times5+1$이 되겠죠. 이 수는 2보다, 3보다, 5보다 큰 수이죠? 또한 이 수는 2로 나누어도 나머지가 1이고, 3이나 5로 나누어도 나머지가 1이므로 이 수는 소수입니다. 이것은 5보다

큰 소수가 있다는 말이니까 5가 제일 큰 소수라고 한 것이 모순이 되지요. 따라서 5가 제일 큰 소수일 수는 없습니다.

같은 방법으로 어떤 소수가 가장 큰 소수라고 가정하면, 이런 방법으로 그 수보다 큰 소수를 항상 찾을 수 있습니다. 결국 소수는 무한히 많습니다.

제5장

비율에 관한 사건

비례 배분①_소 유산 상속

수가 나누어 떨어지지 않을 때는 어떻게 해야 하나

비율_부당한 해고

회사 직원들의 결근 비율은 어떻게 계산해야 할까

비례 배분②_붕어 값 분배

5마리, 4마리 가진 사람에게 9,000원 주고 3마리 샀을 때 돈을 어떻게 나눌까

비율과 관련된 퍼즐_붕어빵 기계

6대의 기계로 6분 동안 6개 만들 때 1대로 1분 동안 몇 개를 만들까

사건 속으로

라티오 마을에서 소를 키우던 소사랑 씨가 자신의 전 재산인 소 17마리를 아들 셋에게 남기고 죽었다. 큰아들인 소하나 씨에게는 전체의 $\frac{1}{2}$을, 둘째 아들인 소두울 씨에게는 전체의 $\frac{1}{3}$을, 막내인 소세엣 씨에게는 전체의 $\frac{1}{9}$을 남겼다.

17이 2, 3, 9로 나누어 떨어지지 않기 때문에 세 아들은 소를 어떻게 나눌 것인가에 대해 토론했다. 그런데 아무리 생각해 봐도 묘안이 떠오르지 않았다. 처음에는 소 한 마리의 값이 108만 원이므로 소 17마리를 모두 팔아 그 돈을 나누자는 제안도 나왔지만, 소를 자식처럼 생각하신 아버지의 뜻을 저버리는 것 같아 그 제안은 포기했다.

그리하여 세 아들은 유산 분배 연구소에 가서 유산 상속을 의뢰했다. 연구소의 이유산 연구원은 다음과 같이 제안했다.

"소를 한 마리 빌리면 18마리가 되고, 18은 2, 3, 9의 배수이므로 쉽게 나눌 수 있습니다. 그러면 소하나 씨는 18의 $\frac{1}{2}$인 9마리를, 소두울 씨는 18의 $\frac{1}{3}$인 6마리를, 소세엣 씨는 18의 $\frac{1}{9}$인 2마리를 가지면 됩니다. 그럼 세 사람이 가진 소의 수는 9+6+2=17이 되어 17마리이므로 한 마리가 남게 됩니다. 그러면 남은 한 마리를 빌려 온 곳에 돌려주면 됩니다."

세 아들은 현명한 해결책이라며 이유산 씨의 제안대로 했다. 그런데 소세엣 씨는 17의 $\frac{1}{9}$은 1.88888…이 되어 거의 2에 가깝지만, 소하나 씨의 경우 17의 $\frac{1}{2}$은 8.5가 되어 0.5마리나 모자라는데 한 마리가 더 갔다는 생각이 들었다.

소세엣 씨는 이 방법의 분배가 공평하지 않다며 소하나와 소두울 씨를 상대로 수학법정에 분쟁 신청을 냈다.

소를 나눌 수 없다고 해도 소 값을 알 수 있기 때문에
이득을 본 사람이 손해를 본 사람에게 이득을 돌려주면 공정한 배분이 됩니다.

여기는 수학법정 소 한 마리를 빌려와 18마리를 만들어 나누는 것에 어떤 모순이 있을까요? 수학법정에서 알아봅시다.

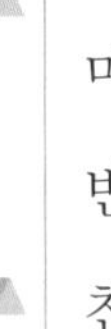

피고 측 변론하세요.

소와 같이 살아 있는 생명에 대해 1.8888…마리, 8.5마리를 운운하는 것은 말이 되지 않습니다. 사람의 경우도 반 명이니 3분의 1명이니 하는 말은 사용하지 않는 것과 마찬가지죠. 그러므로 유산 분배 연구소의 선택은 소 한 마리가 최소 단위인 이상 가장 현명한 선택이라는 것이 본 변호사의 소견입니다.

원고 측 말씀하세요.

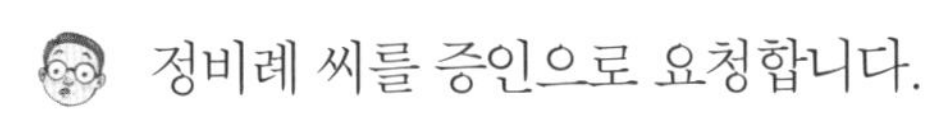

정비례 씨를 증인으로 요청합니다.

정비례 씨가 증인석에 앉았다.

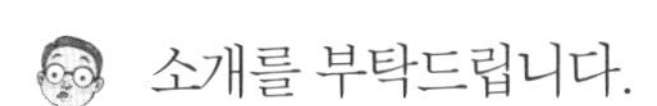

소개를 부탁드립니다.

저는 비례 배분 자문 회사의 책임 연구원입니다. 저희 연구소는 비례 배분을 옳게 하는 것에 대해 도와 드리고 있습니다.

이번 유산 상속이 공평한 배분이라고 생각하십니까?

소를 아무도 팔지 않는다면 이 배분은 가장 좋은 선택

입니다. 하지만 당장이라도 시장에 소를 내놓으면 팔리는 상황에서는 공평하다고 할 수 없습니다.

어떤 이유에서죠?

한 마리를 빌려 와서 배분을 하고 남은 한 마리를 돌려주는 것은 원래의 문제를 다르게 만듭니다.

좀 더 구체적으로 설명해 주시죠.

물론 17마리의 소를 9마리, 6마리, 2마리로 나누어 가질 수밖에 없다는 것은 인정하지만, 이 과정에서 이득을 본 사람도 있고 손해를 본 사람도 있습니다.

누가 이득을 보았죠?

소하나, 소두울 씨는 이득을 보았고, 소세엣 씨는 손해를 보았습니다.

잘 이해가 안 가는군요.

분수로 얘기하면 세 사람은 각각 $\frac{17}{2}$ 마리, $\frac{17}{3}$ 마리, $\frac{17}{9}$ 마리를 가져야 합니다. 이 분수를 대분수로 고치면 $8\frac{1}{2}$, $5\frac{2}{3}$, $1\frac{8}{9}$이 됩니다. 그러니까 소하나 씨는 $\frac{1}{2}$마리 대신 1마리를, 소두울 씨는 $\frac{2}{3}$마리 대신 1마리를, 소세엣 씨는 $\frac{8}{9}$마리 대신 한 마리를 가진 셈이 됩니다. 즉, 소하나 씨가 가장 이득을 보면서 소 한 마리를 가진 셈이죠.

그럼 어떤 해결책이 있죠?

소 한 마리의 값이 108만 원인데 소하나 씨는 54만 원을, 소두울 씨는 72만 원을, 소세엣 씨는 96만 원을 지불한 셈이 됩니다. 따라서 세 사람은 소 값의 차액을 내놓고 그렇게 모인 돈을 3등분해서 나눠 가져야 합니다. 즉, 소하나 씨는 54만 원을, 소두울 씨는 36만 원을, 소세엣 씨는 12만 원을 내놓습니다. 그럼 세 사람은 제 값을 주고 소를 얻은 셈이 되겠죠. 이렇게 모인 돈을 합치면 102만 원이 되고, 셋이 공평하게 34만 원씩 나눠 가지면 됩니다. 결론적으로 소하나 씨가 20만 원을, 소두울 씨가 2만 원을 소세엣 씨에게 주면 아주 공평한 배분이 됩니다.

증인이 얘기한 것처럼 소를 나눌 수 없다고 해서 수학적인 비례 배분의 원칙을 깰 수는 없습니다. 소를 쪼갤 수는 없지만 소를 팔았을 때의 소 값을 알 수 있기 때문에 이득을 본 사람이 손해를 본 사람에게 이득을 돌려주면, 전체적으로 이득을 본 사람도, 손해를 본 사람도 없는 공정한 배분이 될 것입니다.

판결합니다. 지금은 과거처럼 물물 교환을 하는 시대가 아니라 화폐를 사용하여 물건이나 동물을 사고팔 수 있는 시대입니다. 그런 의미에서 원고의 주장은 설득력이 있다고 여겨집니다. 그러므로 소하나 씨와 소두울 씨가 자신의 이득을 배분에서 손해를 본 소세엣 씨에게 돌려줄 것을 판결합니다.

재판 후 소하나와 소둘울 씨는 판결대로 소세엣 씨에게 각각 20만 원, 2만 원의 돈을 건넸다. 하지만 소세엣 씨는 각자 이득을 본 돈을 내어 삼형제의 친목회를 만들자고 제안했다. 그리하여 삼형제의 친목회는 22만 원으로 시작되었다.

회사 직원들의 결근 비율은
어떻게 계산해야 할까

사건 속으로

매쓰 시티에서 가장 큰 보험 회사인 퍼센트 보험의 김출근 회장은 최근 여사원의 결근이 너무 많아 고민에 빠졌다. 그리하여 퍼센트 보험은 과별로 여성 결근자가 50%를 넘는 경우 과장을 해고하겠다고 했다. 모든 과장들은 자기 과의 여성 결근자 비율을 줄이기 위해 초비상이 걸렸다.

10년째 과장에서 승진을 못하고 있는 나둔재 과장의 부서에는 여사원이 가장 많았다. 그는 아침에 출근하자마자 여성 결근자를 체크하여 회장에게 보고할 내용을 결근 사유별로 정리했다. 보고서가 완성되자 나둔재 과장은 회장실로 갔다.
"나 과장, 여성 결근자의 비율을 사유별로 자세히 얘기해 보세요."
김출근 회장의 큰 소리에 나둔재 과장은 잠시 머뭇거리더니 보고를 시작했다.
"유급 휴가를 얻은 사람이 30% 정도이고, 감기로 결근한 사람이 20%이고, 출산 휴가를 얻어 쉬고 있는 사람이 7%이고, 병원에 입원 중인 사람이 3%입니다. 또 무단 결근한 사람은 5%입니다."
"뭐요? 30에 20에 7에 3에 5를 모두 더하면 65! 그럼 65%가 결근자란 말이요?"
"글쎄요."
"나 과장 당신은 해고요."
이렇게 하여 직장을 해고당한 나둔재 과장은 뭔가 이상한 생각이 들었다. 그리고 그렇게 많은 비율의 여직원이 결근을 했다는 것이 믿어지지 않았다. 그리하여 나둔재 과장은 자신의 해고가 부당하다며 김출근 회장을 수학법정에 고소했다.

결근자의 비율은 유급 휴가자와 무단 결근자를 합한 비율이며
감기, 출산 휴가, 입원에 의한 결근자는 모두 유급 휴가자에 속합니다.

여기는 수학법정

과연 65%의 여사원이 결근을 한 것일까요? 수학법정에서 알아봅시다.

수학짱 판사

수치 변호사

매쓰 변호사

피고 측 변론하세요.

결근한 여사원의 비율을 유형별로 정리해 차트를 준비했습니다.

유형	비율
유급 휴가	30%
감기	20%
출산 휴가	7%
입원	3%
무단 결근	5%

차트에서 보이는 것처럼 결근의 유형은 5종류이고 그 비율을 모두 합치면 65%가 됩니다. 그러므로 나둔재 과장의 해고는 정당하다고 생각합니다.

원고 측 말씀하세요.

결근 연구소의 나땡땡 씨를 증인으로 요청합니다.

나땡땡 씨가 증인석에 앉았다.

증인은 결근의 여러 가지 유형에 대해 연구하는 것으로 알려져 있는데, 맞습니까?

맞습니다.

이번 사건의 경우 결근의 유형이 5가지가 맞습니까?

그렇지 않습니다. 결근의 유형은 유급 휴가와 무단 결근의 두 종류입니다.

그럼 나머지는 뭐죠?

감기, 출산 휴가, 입원은 유급 휴가의 세부 내용입니다. 그러니까 유급 휴가를 얻은 사람이 감기 환자, 입원 환자, 출산 휴가자의 세 유형이라는 거지요.

포함 관계라는 말씀이군요.

그렇습니다. 어떤 반에 40명의 학생이 있는데, 여학생은 30명, 남학생은 10명이라고 가정해 보죠. 이때 이 반의 학생 수를 40+30+10으로 계산하지는 않습니다. 40=30+10이기 때문이죠. 마찬가지로 유급 휴가자의 비율 30%는 감기, 출산 휴가, 입원에 의한 결근자의 비율의 합입니다. 그러니까 20+7+3=30인 셈이죠. 그러므로 결근자의 비율은 유급 휴가 30%와 무단 결근 5%를 더한 35%가 됩니다.

증인이 설명한 것처럼 김출근 회장은 유급 휴가로 결근한 사람을 두 번 헤아려 결근자의 비율이 50% 이상이 나온 것입니다. 실제 나둔재 과장 부서의 결근율은 50%보다 작은 35%이므로 나둔재 과장은 해고 사유가 되지 않습니다.

판결합니다. 수학에서 제일 범하기 쉬운 어리석은 행위는 두 번 헤아리는 것입니다. 어릴 때 수학 책에서 "사과는 몇 개일까요?"라는 문제를 보고 책 속에 그려진 사과를 헤아립니다. 그때 헤아렸던 사과를 또 헤아리면 원래의 수보다 더 많게 나오게 됩니다. 이 경우도 한번 헤아린 결근자를 또 다시 헤아려 결근자의 비율이 큰 것처럼 나왔으므로 원고 측의 해고는 부당하다고 판결합니다.

재판 후 나둔재 과장은 다시 출근했으며, 그 이후로 결근자 보고 서류는 다음과 같은 형식으로 바뀌었다.

	결근 비율	세부 항목
유급 휴가자 비율	A	감기 a % 입원 b % 출산 c % 기타 d % A= a + b + c + d
무단 결근자 비율	B	
전체 결근자 비율	A + B	

사건 속으로

어조사 씨는 낚시를 좋아하지만 물고기를 잘 낚지 못한다. 매주 주말만 되면 낚시터에 가는 어조사 씨를 못마땅하게 여기는 그의 부인 바가지 여사는 그가 낚시를 갈 때마다 그의 형편없는 낚시 실력을 비아냥거린다.

그날도 어조사 씨는 절친한 친구 사낚어, 좀낚지 씨와 함께 인근 낚시터에 갔다. 세 사람은 나란히 앉아 낚싯대를 호수에 던졌다.

그날 따라 낚시꾼이 많아서인지 붕어가 잘 낚이지 않았다.

그래도 사낚어 씨와 좀낚지 씨는 벌써 몇 마리 붕어를 낚았지만 어조사 씨의 낚싯대는 전혀 흔들리지 않았다.
어둠이 내리자 더 이상 낚시를 할 수 없어 세 사람이 집으로 돌아가려고 하는데 어조사 씨가 두 사람에게 부탁했다.
"오늘도 붕어를 못 잡아 가지고 가면 아내에게 바가지 긁힐 거야. 그러니까 자네들이 잡은 붕어를 내가 좀 사겠네."
사낚어 씨가 잡은 붕어는 5마리였고, 좀낚지 씨가 잡은 붕어는 4마리였다. 그리고 이상하리만치 9마리의 붕어는 완전히 같은 크기였다. 그리하여 어조사 씨는 두 사람에게 9,000원을 주고 3마리의 붕어를 샀다. 세 사람은 똑같이 붕어가 3마리씩 되었다.
9,000원을 건네받은 좀낚지 씨는 9,000원을 5 : 4로 나누자고 사낚어 씨에게 제의했다. 그리하여 붕어를 판 돈 9,000원을 사낚어 씨 5,000원, 좀낚지 씨 4,000원으로 나누어 가지게 되었다.
그런데 분배에 뭔가 이상이 있다고 생각한 사낚어 씨는 좀낚지 씨에게 돈이 더 간 것 같다며 이 사건을 수학법정에서 다루어 줄 것을 부탁했다.

9,000원을 주고 각각 2마리와 1마리, 총 3마리의 붕어를
샀으므로 한 마리 값은 3,000원으로 계산해야 합니다.

여기는 수학법정

사낚어 씨와 좀낚지 씨가 돈을 5:4로 나누어야 할까요? 수학법정에서 알아봅시다.

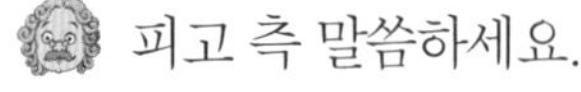

피고 측 말씀하세요.

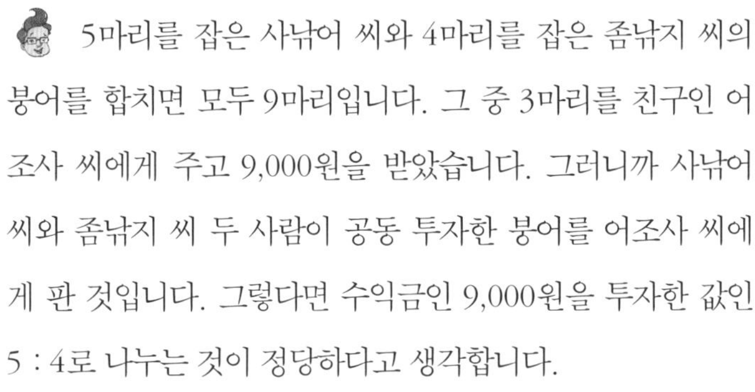

5마리를 잡은 사낚어 씨와 4마리를 잡은 좀낚지 씨의 붕어를 합치면 모두 9마리입니다. 그 중 3마리를 친구인 어조사 씨에게 주고 9,000원을 받았습니다. 그러니까 사낚어 씨와 좀낚지 씨 두 사람이 공동 투자한 붕어를 어조사 씨에게 판 것입니다. 그렇다면 수익금인 9,000원을 투자한 값인 5 : 4로 나누는 것이 정당하다고 생각합니다.

원고 측 말씀하세요.

정확한 배분에 대한 자문을 얻기 위해 킹매쓰 대학 수학과의 정배분 교수를 증인으로 요청합니다.

정배분 교수가 증인석에 앉았다.

증인의 연구 분야를 말씀해 주십시오.

공동 투자에서 오는 수익 배분에 대해 연구를 하고 있습니다.

이번 사건에 대해 어떻게 생각하십니까?

잘못된 배분이라고 생각합니다.

구체적으로 무엇이 잘못되었는지 말씀해 주시겠습니까?

만일 사낚어 씨와 좀낚지 씨가 잡은 붕어를 모두 팔았다면 두 사람의 수익금은 5 : 4의 비율로 배분하는 것이 맞습니다.

지금도 그런 상황이 아닌가요?

이 사건에는 함정이 숨어 있습니다.

어떤 함정이죠?

세 사람이 잡은 붕어의 수가 같아질 때까지만 붕어를 팔 수 있습니다. 두 사람이 잡은 9마리의 붕어를 세 사람이 똑같이 나눈다면 각각 3마리씩이 됩니다. 그러니까 사낚어 씨는 5마리 중 2마리를 팔고, 좀낚지 씨는 4마리 중 한 마리를 팔았습니다. 그러므로 어조사 씨로부터 받은 9,000원은 붕어 3마리의 값이므로 2마리를 판 사낚어 씨는 6,000원을, 한 마리를 판 좀낚지 씨는 3,000원을 받는 것이 정당한 배분입니다.

그렇습니다. 사낚어 씨와 좀낚지 씨는 자신들이 잡은 붕어를 모두 팔 생각은 없었습니다. 왜냐하면 집에 가지고 가서 가족들과 매운탕을 끓여 먹을 생각이었으니까요. 이렇게 가지고 있는 모든 붕어를 팔지 않는 경우는 공동 사업의 이익 배분에 해당하지 않습니다. 그러므로 5 : 4로 붕어 값을 나누는 것은 부당하다는 것이 본 변호사의 주장입니다.

판결합니다. 원고 측 변호사의 주장을 인정합니다. 즉, 이 경우 사낚어 씨의 붕어 2마리와 좀낚지 씨의 붕어 한 마리만이 공동 투자된 것으로 보는 것이 맞습니다. 그러므로 3마리의 붕어를 판 값에 대한 그들의 투자비인 2 : 1로 분배할 것을 판결합니다.

재판 후 좀낚지 씨는 사낚어 씨에게 1,000원을 돌려주었다. 하지만 친구 사이인 두 사람은 법정을 나가면서 화해를 했다.

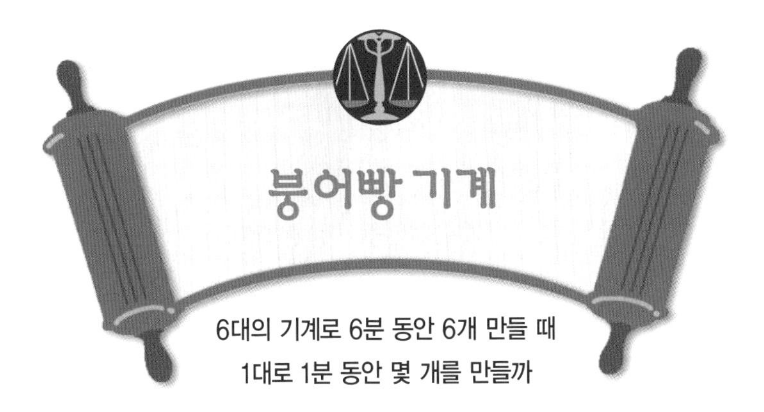

사건 속으로

과학공화국 사람들이 가장 좋아하는 간식은 붕어빵이다. 그런데 최근 공업공화국에서 수입한 붕어빵 자동 생산 기계가 선풍적인 인기를 끌고 있다.

예전의 붕어빵은 적당한 시간이 되면 사람이 직접 뒤집고 팥을 넣는 성가신 작업을 해야 했다. 그런데 자동 온도 센서가 부착되어 자동으로 뒤집어지고 완성되면 저절로 튀어나오는 붕어빵 자동 기계는 자동 토스터에 이어 최고의 발명품이었다.

최근 실직해 붕어빵 장사를 시작해 보려 하는 봉어방 씨는 과학공화국의 붕어빵 자동 기계 대리점을 찾아갔다.

"붕어빵 사업을 하시려고요?"

대리점 주인인 자동화 씨가 물었다.

"네, 그래서 기계를 구입하려고 하는데요."

"저희 기계로는 6대의 기계로 6분 동안 6개의 붕어빵을 만들 수 있습니다."

"저는 30분 동안 30개의 붕어빵을 만들었으면 하는데요. 너무 많이 만들어 놓을 필요는 없고."

"그럼 기계 30대를 들여 놓으시면 되겠군요."

이렇게 해서 봉어방 씨는 30개의 붕어빵 기계를 구입하고 붕어빵 가게를 개업했다. 그런데 30개의 기계를 30분 동안 돌렸더니 150개의 붕어빵이 만들어졌다.

이 중 30개는 팔렸지만 나머지 120개는 제때에 팔리지 않아 결국 버리게 되었다. 이렇게 하루 동안 많은 붕어빵을 버리게 된 봉어방 씨는 자동화 씨에게 사기를 당했다며 수학법정에 그를 고소했다.

6대의 기계로 6분 동안 6개의 붕어빵을 만든다면 한 대의 기계로는 6분 동안 1개, 즉 1분 동안 $\frac{1}{6}$개를 만드는 셈입니다.

여기는 수학법정 | 6대로 6분 동안 6개의 붕어빵을 만드는 기계로 30분에 30개의 붕어빵을 만들려면 몇 대가 필요할까요? 수학법정에서 알아봅시다.

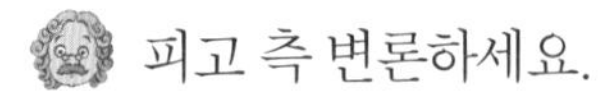

피고 측 변론하세요.

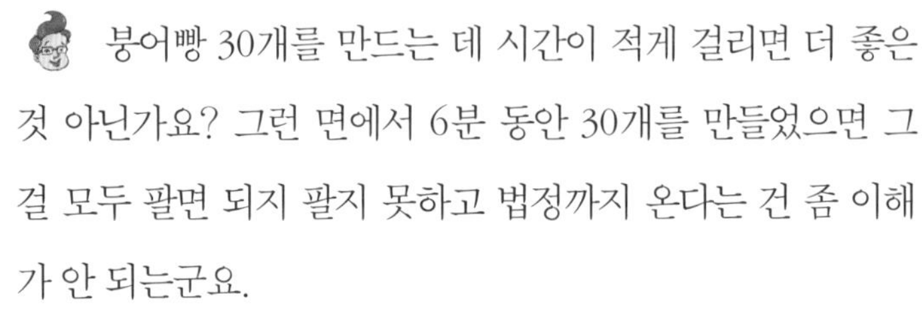

붕어빵 30개를 만드는 데 시간이 적게 걸리면 더 좋은 것 아닌가요? 그런 면에서 6분 동안 30개를 만들었으면 그걸 모두 팔면 되지 팔지 못하고 법정까지 온다는 건 좀 이해가 안 되는군요.

이의 있습니다. 지금 피고 측 변호사는 수학과 아무 관계가 없는 이야기로 원고의 명예를 실추시키고 있습니다.

인정합니다. 수치 변호사는 수학적인 변론만 하세요.

그런데 왜 30대의 기계를 사용했는데 30분이 안 걸리고 6분이 걸린 거죠?

수치 변호사! 수학 공부 좀 하고 오세요. 아니면 증인을 세우든지. 원고 측 말씀하세요.

비례 연구소의 비일정 박사를 증인으로 요청합니다.

비일정 씨가 증인석에 앉았다.

이번 사건이 비례와 관계 있습니까?

물론입니다.

어떻게 관계가 있는지 설명해 주시겠습니까?

네. 우선 6대의 기계로 6분 동안 6개의 붕어빵을 만든다면, 한 대의 기계로는 6분 동안 1개의 붕어빵을 만들 수 있습니다. 그러니까 한 대의 기계로 1분 동안 $\frac{1}{6}$개의 붕어빵을 만들 수 있는 셈이죠.

그렇군요.

그럼 30대의 기계로 30분 동안 몇 개의 붕어빵을 만들 수 있나를 보죠. 우선 한 대의 기계로 30분 동안 만들 수 있는 붕어빵은 30과 $\frac{1}{6}$의 곱인 5개가 됩니다. 각각의 기계가 30분 동안 5개씩 만들고, 기계가 30대이므로 30분 동안 30대의 기계가 만드는 붕어빵은 30과 5의 곱인 150개가 됩니다.

그렇습니다. 30분에 30개의 붕어빵을 만들어 팔려는 봉어방 씨에게는 30대의 기계가 필요한 것이 아니라 6대만 필요했습니다. 그러니까 24대의 기계는 필요 없는데 구입을 한 셈이죠. 그러므로 이번 사건에 대해 봉어방 씨는 24대의 기계를 자동화 씨에게 반품하고 기계 값을 돌려받을 권리가 있다는 것이 본 변호사의 생각입니다.

판결합니다. 붕어빵은 식으면 맛이 없죠. 대부분의 손님들은 새로 만든 붕어빵을 먹고 싶어 합니다. 봉어방 씨는 30분에 30개 정도는 팔 수 있다고 생각했습니다. 그런데 기계를 너무 많이 사서 30분에 150개의 붕어빵이 만들어지니까 다 못 팔고 버려 손실을 입은 점이 인정됩니다. 그러므로 피고 자동화 씨는 붕어방 씨에게 24대의 기계 대금을 돌려주고 첫날 버린 붕어빵 값을 물어 주는 것으로 판결을 내리겠습니다.

재판 후 붕어방 씨는 24대의 기계 대금을 돌려받아 다른 기계 5대를 구입해 사업을 확장했다. 붕어방 씨가 새로 구입한 기계는 5대로 20분 동안 오뎅 20개를 만드는 기계였다.

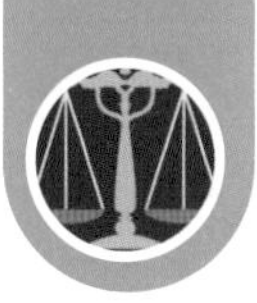

비율

우리는 일상생활에서 퍼센트를 많이 사용합니다. 예를 들어 백화점에서 세일을 할 때 '30% 세일'이라고 쓴 것을 흔히 볼 수 있습니다. 여기서 %라는 것은 비율을 나타내는 하나의 방법입니다. 일반적으로 비교하는 양을 기준이 되는 양으로 나눈 것을 비율이라고 합니다.

예를 들어 보죠.

20명이 한 반을 이루고 있는데 그 중 여학생이 12명이라고 합시다. 그럼 이 반의 여학생의 비율은 얼마일까요?

이때 기준이 되는 양은 20명이고 비교하는 양은 여학생 수인 12명입니다. 그러니까 여학생의 비율은 12를 20으로 나눈 $\frac{12}{20}$가 됩니다. 이것을 약분하면 $\frac{3}{5}$이 되는데, 이렇게 비율은 분수로 나타낼 수 있습니다. 또한 $\frac{3}{5}$은 0.6이므로 비율을 소수로도 나타낼 수 있습니다.

우리 나라에서는 예전부터 비율을 소수로 나타내는 것과 같은 '할, 푼, 리'라는 표현을 사용했습니다. 소수 첫째 자리는 할, 둘째 자리는 푼, 셋째 자리는 리로 나타냅니다. 예를 들어 어떤 비율이 0.475라면 4할 7푼 5리라고도 읽습니다.

비율에서 할, 푼, 리를 사용하는 대표적인 예는 야구 경기에서 타자의 타율입니다. 타율은 총 타수에 대한 안타 수의 비율을 말합니다. 예를 들어 어떤 선수가 8타수에 2개의 안타를 쳤다면, 이 선수의 타율은 0.25가 되므로 2할 5푼이라고 말합니다. 그러니까 타율이란 타자가 안타를 치는 비율을 말하는 것이죠. 즉, 타율이 높을수록 안타를 잘 치는 타자라고 생각하면 됩니다.

이제 비율을 나타내는 마지막 방법인 퍼센트에 대해 알아봅시다. 물건 값을 예로 들어 설명해 보죠.

어제 붕어빵 값이 200원이었는데 오늘 300원이 되었다고 합시다. 어제에 비해 얼마만큼 올랐는가를 나타낼 때 주로 퍼센트를 사용합니다.

퍼센트는 기준이 되는 양을 100으로 보았을 때 비교하는 양의 비율을 말합니다. 이 경우 기준량은 전날 가격인 200원입니다. 그리고 비교하는 양은 오늘 가격인 300원입니다. 그럼 기준량이 100일 때 비교하는 양은 얼마가 될까요? 그것은 다음과 같이 비례식을 세우면 됩니다.

우리 나라에서 예전부터 사용해 온 '할, 푼, 리' 라는 표현에서 '할' 은 소수 첫째 자리, '푼' 은 소수 둘째 자리, '리' 는 소수 셋째 자리를 나타냅니다.

$$200 : 300 = 100 : \square$$

여기서 □를 구하는 식은 다음과 같습니다.

$$\square = \frac{300}{200} \times 100 = 150$$

그러므로 오늘 가격은 전날을 기준하여 비교하면 150%입니다. 그러니까 전날에 비해 50% 값이 오른 셈이지요. 그러면 위의 식에서 퍼센트를 구하는 방법이 다음과 같다는 것을 알 수 있습니다.

$$\text{퍼센트(\%)} = \frac{\text{비교하는 양}}{\text{기준량}} \times 100$$

제6장

무게에 관한 사건

평균_무게가 다른 저울

왼쪽과 오른쪽에 올려놓으면 무게가 달라지는 저울의 원리는 뭘까

무게와 관련된 퍼즐_불량 주화 공장

가벼운 동전을 만든 공장을 찾아낼 수 있을까

왼쪽과 오른쪽에 올려놓으면 무게가
달라지는 저울의 원리는 뭘까

사건 속으로

매쓰 시티에서 지오 정육점을 운영하는 김천칭 씨는 남보다 수학 퍼즐을 잘 풀기로 유명하다. 그는 최근에 신기한 양팔 저울을 이용하여 고기를 팔고 있다. 이 양팔 저울은 이상하게도 고기를 왼쪽에 올려놓을 때와 오른쪽에 올려놓을 때 무게가 다르게 나왔다. 그는 왼쪽과 오른쪽에 서로 다르게 나온 무게를 평균 내어 고기의 무게를 결정했다.

이 신기한 양팔 저울 덕분에 그 집에는 손님들이 들끓었다.
한편 이 동네에 사는 김좀좀 씨는 의심이 많았다. 그는 자신이 사 온 고기와 다른 사람이 같은 값을 주고 사 온 고기를 자신의 저울로 달아 보는 습관이 있었다.

김좀좀 씨는 지오 정육점에 가서 고기를 샀다.

"얼마만큼 드릴까요?"

"저울에 나오는 대로 주세요."

김천칭 씨는 고기를 적당히 덜어 왼쪽에 올려놓았다. 그 때 저울이 수평을 유지하기 위한 추의 무게는 50g이었다. 그는 같은 고기를 오른쪽에 올려놓았다. 이번에는 200g의 추로 수평을 이뤘다.

"200과 50의 평균은 125이니까 고기는 125g이군요."

김좀좀 씨는 125g에 해당하는 돈을 냈다. 그는 정상적인 저울로 고기를 파는 다른 정육점에 가서 또 고기 125g을 샀다. 그리고 집으로 와서 두 고기를 양팔 저울에 올려놓았다. 그런데 같은 125g이라면 수평을 이뤄야 할 텐데 지오 정육점에서 산 고기가 훨씬 가벼웠다.

김좀좀 씨는 지오 정육점이 손님들에게 사기를 치고 있다며 김천칭 씨를 수학법정에 고소했다.

저울의 팔 길이가 달라서 왼쪽과 오른쪽에 각각 올려놓았을 때
무게가 달라지는 경우 두 무게의 기하 평균이 실제 무게입니다.

왼쪽과 오른쪽에 각각 올려놓았을 때 무게가 달라지는 경우 두 무게를 평균하면 올바른 무게가 될까요?

피고 측 변론하세요.

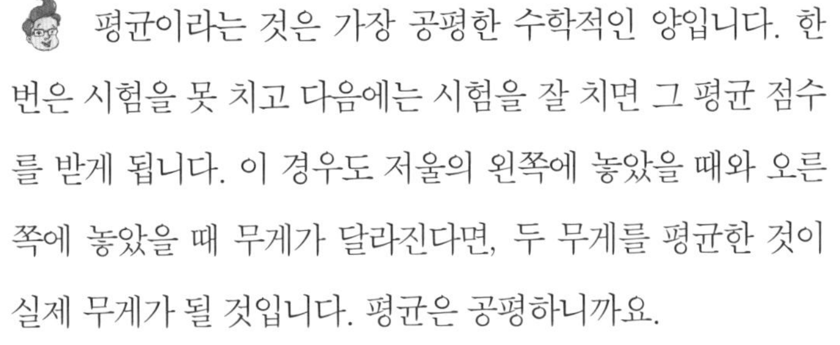

평균이라는 것은 가장 공평한 수학적인 양입니다. 한 번은 시험을 못 치고 다음에는 시험을 잘 치면 그 평균 점수를 받게 됩니다. 이 경우도 저울의 왼쪽에 놓았을 때와 오른쪽에 놓았을 때 무게가 달라진다면, 두 무게를 평균한 것이 실제 무게가 될 것입니다. 평균은 공평하니까요.

원고 측 변론하세요.

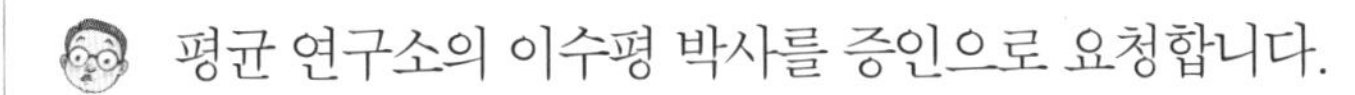

평균 연구소의 이수평 박사를 증인으로 요청합니다.

균형적인 몸매를 가진 30대 남자가 증인석에 앉았다.

증인이 하는 일을 말씀해 주세요.

저는 여러 가지 평균에 대해 연구하고 있습니다.

평균은 하나뿐이 아닙니까?

그렇지 않습니다. 흔히 사용하는 평균은 두 수를 더해 둘로 나눈 것으로 산술 평균이라고 합니다.

그럼 다른 평균도 있다는 말입니까?

네. 기하 평균이라는 것은 두 수를 곱한 수의 제곱근을 말합니다.

제곱근이 뭐죠?

예를 들어 제곱해서 4가 되는 수를 4의 제곱근이라고 합니다.

그럼 2의 제곱은 4이니까 4의 제곱근은 2이군요.

자연수만 얘기할 때는 2뿐이지만, 음수까지 생각하면 -2도 4의 제곱근입니다. -2도 제곱하면 4가 되니까요. 하지만 본 법정은 무게와 관련된 문제이고 무게는 음수가 될 수 없으므로 그냥 양수인 제곱근만 얘기하겠습니다.

그럼 기하 평균은 언제 사용하나요?

바로 이번 사건의 경우 쇠고기의 올바른 무게는 두 무게의 기하 평균입니다. 두 무게가 50g, 200g이니까 두 수를 곱하면 10,000이 됩니다. 10,000은 100의 제곱이므로 10,000의 제곱근은 100이 되죠. 그러니까 이번 사건의 경우 쇠고기의 실제 무게는 125g이 아니라 100g입니다.

그런 평균도 있었군요. 존경하는 재판장님, 증인인 이수평 박사의 얘기처럼 평균에는 산술 평균만 있는 것이 아니라 기하 평균도 있고, 이렇게 팔 길이가 달라서 왼쪽에 고기를 올려놓았을 때와 오른쪽에 올려놓았을 때 무게가 달라지는 경우는 두 무게의 기하 평균이 실제 고기의 무게입니다.

판결합니다. 원고 측이 제시한 증거 자료에 의하면 팔

길이가 다른 저울은 물체를 왼쪽에 놓은 경우와 오른쪽에 놓은 경우, 그 무게가 다르게 측정된다는 것을 알 수 있습니다. 그 증거 자료에는 두 무게의 기하 평균이 실제 무게가 된다는 것이 자세하게 증명되어 있습니다. 그러므로 원고 측 증언과 증거 자료에 의해 고기의 무게는 125g이 아니라 100g임을 인정하고, 지오 정육점은 그 차이에 해당하는 돈을 김좀좀 씨에게 되돌려줄 것을 판결합니다.

이 재판 결과가 알려지자 많은 사람들이 지오 정육점으로 몰려가 모자란 고기 부분에 대한 차액을 되돌려받았다. 그리고 동네 사람들에게 고기의 무게를 속여 팔아 온 김천칭 씨는 그 동네에서 추방되었다.

사건 속으로

매쓰 시티 조폐국에서는 10원짜리 동전을 새로 제작하기로 했다. 그런데 급하게 많은 동전을 만들어야 하기 때문에 한 공장에서 모두 만들 수 없어 10개의 동전 공장에서 납품을 받기로 했다.

그리하여 10개의 공장에서 똑같은 개수로 만든 동전이 시중에 유통되었다. 새로운 동전은 동전 수집가의 관심의 대상이었다. 동전 수집가인 동전주 씨는 새로운 10원짜리 동전 몇 개를 구했다.

그는 동전의 무게를 알아보기 위해 몇 개의 동전을 저울에 올려놓았다. 대부분의 동전은 50g이었는데 어떤 동전들은 1g이 모자라는 49g이었다.

그때부터 사람들 사이에는 10개의 동전 공장 중 하나가 1g이 모자라는 동전을 만들어 조폐국에 납품했다는 소문이 돌았다. 이 소문은 조폐국장 이동전 씨의 귀에도 들어갔다.

"도대체 어느 공장의 동전이 불량이라는 거지?"

"좋은 방법이 있습니다."

조폐국 수학 자문 담당관인 등차수 씨가 제안했다.

"그 방법이 뭐요?"

"각 공장을 차례로 1번부터 10번까지 번호를 매기세요. 그리고 자신의 공장 번호에 해당하는 개수의 동전을 납품하게 하세요."

그리하여 55개의 동전이 모였다. 등차수 씨는 55개의 동전을 저울에 달았다. 2,745g이었다.

등차수 씨는 5번 공장을 불량 주화 제조 공장으로 지목했다. 이에 5번 공장의 공장장인 나불량 씨는 수학적이지 않은 방법으로 자신의 공장을 불량 공장으로 지목했다며 등차수 씨와 조폐국을 수학법정에 고소했다.

1번부터 10번까지의 공장이 제출한 동전 55개가 모두 50g씩이라면 무게는 55×50g=2,750g입니다. 이 무게에서 49g인 불량 동전 개수만큼 무게가 줄어듭니다.

여기는 수학법정

과연 5번 공장이 불량 동전을 만든 공장일까요? 그 원리를 수학 법정에서 알아봅시다.

원고 측 변론하세요.

이건 정말 수학적으로 말도 안 되는 일입니다. 만일 각각의 공장에서 만든 동전을 하나씩 무게를 달아 본 결과 5번 공장의 동전이 가볍다면 그것은 받아들일 수 있습니다. 하지만 10개의 공장에서 모아 온 동전을 섞어 무게를 쟀는데, 어떻게 5번 공장에서 불량 동전을 만들었다고 하는지 알 수가 없군요. 그러므로 본 변호사는 피고인 조폐국과 등차수 씨가 나불량 씨의 명예를 훼손했다고 주장합니다.

피고 측 변론하세요.

등차수 씨를 증인으로 요청합니다.

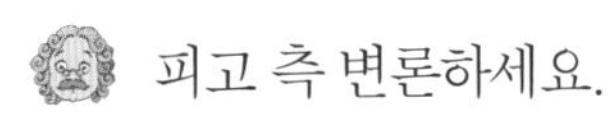

등차수 씨가 증인석에 앉았다.

증인은 각 동전 공장에 1번부터 10번까지 번호를 매기고 자기 번호에 해당하는 개수의 동전을 제출하게 하여 5번 공장이 불량 주화를 만들었다고 확신했는데, 그게 사실입니까?

그렇습니다.

어떻게 각 공장의 동전의 무게를 재 보지도 않고 5번 공장에서 불량 동전을 만들었다는 것을 알 수 있습니까?

간단한 수학입니다.

구체적으로 설명해 주세요.

정상적인 동전의 무게는 50g입니다. 그런데 어느 한 공장에서만 1g을 줄인 49g짜리 동전을 만들어 냈습니다. 그래서 각 공장에 번호를 매기고 자신의 번호만큼의 동전을 제출하게 하여 전체의 질량을 쟀습니다. 동전의 개수는 1부터 10까지의 합인 55개가 됩니다. 만일 모든 동전이 정상이라면 55개의 동전의 무게는 55×50g=2,750g이 되어야 합니다. 그런데 1번 공장의 동전에서 1g을 줄였다면, 그 공장은 한 개의 동전을 제출했으므로 전체 동전의 무게는 2,750g에서 1g이 빠진 2,749g이 될 것입니다. 그런데 이번 사건의 경우 전체 무게가 2,750g에서 5g이 빠진 2,745g이었습니다. 불량 동전이 5개 있다는 거죠. 그러니까 5개의 동전을 제출한 5번 공장이 바로 불량 동전을 만든 공장입니다.

등차수 씨의 아이디어는 정말 놀랍습니다. 이렇게 수학적인 방법으로 나불량 씨가 불량 주화를 제조했다는 것을 밝힐 수 있다는 것은 아주 통쾌한 일입니다. 본 변호사는 나불량 씨의 불법 행위가 만천하에 드러난 만큼 그를 중징계할 것을 주장합니다.

등차수 씨는 정말 존경할 만한 수학자이군요. 이번 사건은 등차수 씨의 증언으로 완벽하게 처리되었음을 선언합니다. 나불량 씨는 그동안 불법으로 번 수입을 모두 조폐국에 환원하고 공장 문을 닫을 것을 판결합니다. 또한 등차수 씨는 수학 수사대에 가서 본인의 수학적 능력을 국민들을 위하는 일에 써 줄 것을 부탁합니다.

등차수 씨는 수학법정의 제안을 받아들였다. 그는 신설된 수학 수사대의 대장을 맡으면서 수학과 관련된 많은 범죄 사건을 현명하게 처리했다.

평균

두 수의 평균은 두 수를 더한 후 2로 나누면 됩니다. 예를 들어 볼까요.

철이가 영어와 수학 두 과목을 시험 봤는데 영어는 70점이고 수학은 90점입니다. 그럼 철이의 평균은 두 점수의 합인 160점을 2로 나눈 80점이 됩니다. 그럼 여러 과목을 치르는 경우는 어떻게 될까요? 물론 그 때도 마찬가지입니다. 모든 과목의 점수를 더한 후 과목 수로 나누면 됩니다.

예를 들어 미애의 국어, 영어, 수학, 사회 과목의 점수가 각각 60점, 70점, 80점, 90점이라고 합시다. 이때 네 과목의 총점은 300점이고 과목 수는 4이므로 300을 4로 나눈 75점이 미애의 평균 점수입니다.

미애네 반 학생들이 수학 시험을 쳤어요. 학생 수는 모두 10명인데 점수는 다음과 같다고 합시다.

오미애 100, 김미주 90, 양상숙 90, 채미주 80, 박매옥 80,
양인기 80, 윤영자 80, 최태호 70, 박진우 70, 강문호 70

각 점수에 학생 수를 곱하여 더한 것이 그 반 학생들의 총점이고,
총점을 학생 수로 나눈 것이 그 반의 평균입니다.

그렇다면 미애네 반의 평균 점수는 얼마일까요? 같은 점수를 받은 학생이 여러 명 있군요. 다음과 같이 점수와 학생 수를 나타내는 표를 만듭니다.

점수	학생 수(명)
70	3
80	4
90	2
100	1

이때는 각 점수에 학생 수를 곱하여 더한 것이 미애네 반 학생들의 총점이 됩니다.

총점=$70\times3+80\times4+90\times2+100\times1=810$(점)

이때 총점을 학생 수로 나눈 것이 바로 미애네 반의 평균입니다.

평균=$810\div10=81$(점)

즉, 미애네 반의 수학 평균은 81점입니다.

산포도

미주와 숙이는 학교에서 수학과 영어 두 과목 시험을 봤는데 미주는 영어가 100점, 수학이 0점이고, 숙이는 영어가 55점, 수학이 45점이라고 합시다. 두 사람의 평균을 구해 보면 똑같이 50점입니다. 하지만 미주의 각 과목 점수는 평균에서 많이 벗어나 있고, 숙이의 점수는 평균에 가깝습니다. 이럴 때 평균에서 점수가 벗어난 정도를 산포도라고 합니다. 그러니까 미주의 경우가 숙이의 경우보다 산포도가 크지요.

산포도가 크다는 것은 점수가 고르지 못하다는 것을 말합니다. 어떤 반 학생들의 점수에 대해 산포도가 크면 학생들의 점수가 다양하다는 뜻이 되므로 선생님이 수업하기가 힘들어지지요. 학원에서는 시험을 통해 수준이 비슷한 학생끼리 모아 수업을 합니다. 이렇듯 학생들의 점수가 비슷해서 산포도가 작을 경우는 선생님이 수업하기가 편해지겠죠.

제7장

농도, 속력에 관한 사건

농도_ 소금물 농도

소금물의 농도와 관련된 문제가 잘못 출제되었을까

속력_ 누가 더 빠르지?

갈 때, 올 때 속력의 평균이 전체에 대한 평균 속력일까

물건 값_ 덤과 할인

덤과 할인 중 어느 쪽이 더 싸게 파는 것일까

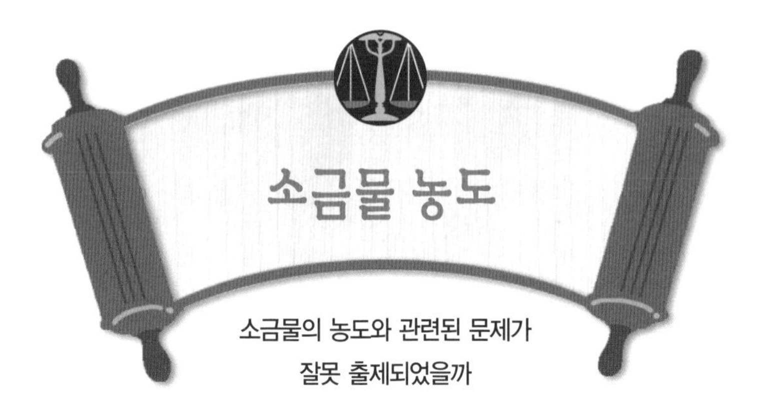

사건 속으로

매쓰 시티는 교육열이 심해 이 도시의 중학교에 진학하기 위해서는 초등학교를 마치고 난 후 시험을 치러야 한다. 이 시험을 중입 연합고사라고 하는데, 매쓰 시티의 교사와 수학 교수들이 호텔에 투숙해 문제를 출제한다.

매쓰 시티의 명문 중학교에 진학하기 위해 지방의 많은 초등학생들이 매쓰 시티의 중입 연합고사에 응시한다. 그런데 이번 수학 시험에는 응용 문제가 많이 출제되었고, 그 중 하나가 학생들이 가장 싫어하는 농도 문제였다.

출제된 문제는 다음과 같았다.

물 50g에 소금 50g을 섞은 소금물의 농도는 얼마인가?

① 20%　② 30%　③ 40%　④ 50%

시험이 끝나고 정답은 ④번 50%로 발표되었다. 많은 초등학생들이 이 문제를 틀려 불합격이 되었다.

그때 TV로 정답 해설을 보고 있던 슈퍼케미 대학의 이농도 박사가 이 문제는 정답이 없다고 주장했다. 그리하여 이 사건은 수학법정으로 넘어갔다.

온도가 10℃일 때 물 100g에 녹을 수 있는 소금의 양은 최대 36g입니다.
이때 소금물의 농도는 약 26%입니다.

여기는 수학법정 농도와 관련된 수학 문제를 출제할 때는 무엇을 조심해야 할까요? 수학법정에서 알아봅시다.

수학짱 판사

수치 변호사

매쓰 변호사

피고 측 말씀하세요.

소금물의 농도는 소금물 속에 소금이 녹아 있는 비율입니다. 그러니까 소금의 양을 소금물의 양으로 나눈 값에 100을 곱하면 퍼센트 농도가 됩니다. 소금 50g과 물 50g을 섞은 소금물의 경우, 소금물의 양은 100g이고 소금의 양은 50g이므로 소금물의 농도는 50을 100으로 나눈 값에 100을 곱한 50입니다. 따라서 50%가 정답입니다.

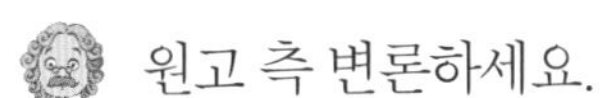

원고 측 변론하세요.

이농도 박사를 증인으로 요청합니다.

이농도 박사가 증인석에 앉았다.

증인의 연구 분야는 뭐죠?

소금이 물에 얼마나 녹는가를 연구하고 있습니다.

증인이 이번 연합고사 수학 문제에 대해 정답이 없다고 지적했는데, 사실입니까?

그렇습니다.

피고 측의 변론을 보면 농도가 50%로 계산되는 것이

맞다는 생각도 드는데요.

그것은 소금물에 대해 몰라서 하는 얘기입니다.

좀 더 구체적으로 말씀해 주시죠.

과학과 관련된 수학의 응용 문제를 출제할 때는 과학에 대해 좀 알고 출제할 필요가 있습니다. 단순한 계산 문제야 어떤 수를 써 넣어도 문제가 성립되지만, 지금 이 경우처럼 화학과 관계 있을 때는 화학에 대해 알아야 합니다. 즉, 물 속에 소금이 얼마나 녹을 수 있는지를 알아야 합니다. 화학 연구에 따르면 온도가 10℃일 때 물 100g에 녹을 수 있는 소금의 양은 최대 36g입니다. 이 때 소금물의 농도는 약 26%이죠. 그러니까 50%짜리 소금물은 없습니다. 100g에 녹을 수 있는 소금의 최대량이 36g이니까 50g에 녹을 수 있는 소금의 최대량은 18g이고, 농도는 약 26%가 됩니다.

소금물의 농도란 소금이 녹아 있는 경우에 그 말을 쓸 수 있습니다. 그러니까 물 컵에 소금을 넣지 않은 상태에서 소금물의 농도라는 말은 사용할 수 없습니다. 지금 이 문제의 경우 화학적으로 50%의 농도가 만들어지지 않는다는 것은 분명합니다. 그러므로 이 문제는 잘못 출제되었다고 할 수 있습니다.

최근 과학이 응용된 수학 문제를 출제하는 데에서 과학에 대한 지식이 부족한 일부 수학 선생님들로 인해 잘못된 문제가 발생하고 있는 것이 현실입니다. 과학은 수학을 이용하여 그 법칙을 서술해 가고, 수학은 수와 관련된 여러 가지 성질들을 밝혀 가므로 수학과 과학은 떼려야 뗄 수 없는 관계라고 봅니다. 하지만 50%의 소금물이 화학적으로 만들어질 수 없다는 것이 명백하므로 이번 문제의 정답은 없고, 모든 학생들의 답을 정답으로 처리하는 것으로 판결합니다.

한 문제로 인해 많은 어린이들의 시험 결과가 뒤바뀌었다. 그리고 매쓰 시티 교육청은 수학 문제 출제에 과학 전문가가 함께 참여하는 것으로 출제 방법을 바꾸었다.

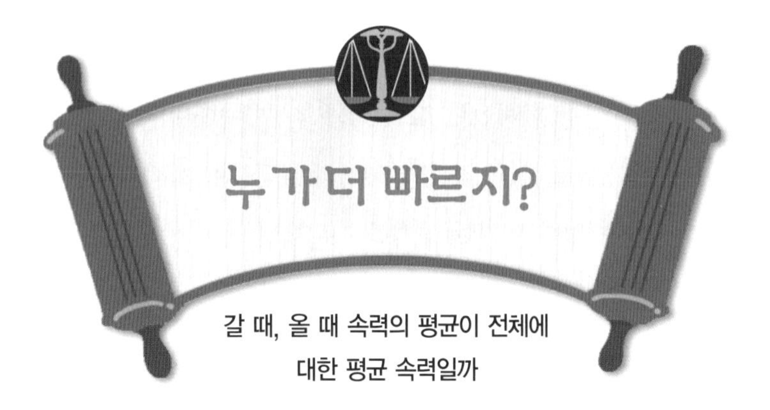

갈 때, 올 때 속력의 평균이 전체에
대한 평균 속력일까

사건
속으로

김달려 군과 이대로 군은 같은 팀에서 뛰는 마라톤 선수이다. 두 선수는 경쟁이 치열해서 사이가 좋은 편은 아니었다. 그래서 두 사람은 경기를 앞둔 때를 제외하고는 함께 연습하는 일이 없었다. 마라톤 팀에는 왕복 60km의 도로가 있었다. 어떤 날 김달려 군이 뛰면 그 다음 날은 이대로 군이 도로를 달렸다.

그러던 어느 날 이대로 군은 올 때, 갈 때 시속 15km의 일정한 속력으로 60km를 완주했다. 그로서는 최고의 속력을 낸 것이었다. 그는 자신의 기록을 동료들에게 자랑했고, 결국 이 소문은 김달려 군의 귀에까지 들어가게 되었다.
다음 날 김달려 군은 반환점까지인 30km를 시속 20km라는 엄청난 속력으로 달렸다. 하지만 오버페이스를 한 탓인지 돌아올 때는 시속 10km로 달릴 수밖에 없었다.
그리고 10과 20의 평균이 15이므로 김달려 군은 자신이 이대로 군과 같은 기록을 냈다고 주장했다. 그러나 이대로 군은 김달려 군이 자신의 기록을 깬 것이 아니라고 주장했다.
그리하여 김달려 군은 이대로 군을 수학법정에 고소했다.

운동 경기에서 같은 종목을 뛰는 경우
더 빠른 사람이란 시간이 적게 걸린 사람입니다.

여기는 수학법정

김달려 군의 갈 때, 올 때의 속력의 평균이 전체에 대한 평균 속력일까요? 수학법정에서 알아봅시다.

원고 측 변호사 먼저 말씀하세요.

우리가 흔히 얘기하는 속력은 평균 속력입니다. 그러니까 속력의 평균인 셈이죠. 그런 의미에서 본다면 김달려 군은 10km와 20km의 평균인 시속 15km로 달렸고, 이대로 군은 시속 15km라는 일정한 속력으로 달렸으므로 두 사람의 속력은 같다고 해야 할 것입니다.

피고 측 변호사 말씀하세요.

 스피드 연구소의 이속도 씨를 증인으로 요청합니다.

이속도 씨가 증인석에 앉았다.

 증인이 하는 일을 말씀해 주세요.

 저는 운동 경기와 교통 수단 등 일상생활에서의 속력에 대한 연구를 하고 있습니다.

 그럼 이번 사건의 경우 누가 더 빠르다고 할 수 있습니까?

 이대로 군입니다.

 그 이유가 뭐죠?

간단하게 생각해 보겠습니다. 두 사람은 60km를 뛰었습니다. 이대로 군은 내내 시속 15km로 뛰었는데 시간은 거리를 속력으로 나눈 값이니까 60을 15로 나눈 4시간이 이대로 군이 뛰는 데 걸린 시간입니다.

그럼 김달려 군은요?

김달려 군은 처음 30km를 시속 20km로 뛰었으니까 반환점까지 걸린 시간은 30을 20으로 나눈 1.5시간입니다. 그리고 나머지 30km를 시속 10km로 달렸으므로 돌아올 때 걸린 시간은 30을 10으로 나눈 3시간입니다. 그러므로 김달려 군은 4.5시간, 즉 4시간 반이 걸린 셈입니다.

증인이 얘기한 것처럼 같은 코스를 뛰는 데 이대로 군은 4시간, 김달려 군은 4시간 반이 걸렸습니다. 운동 경기에서 같은 종목을 뛰는 경우 더 빠른 사람이란 시간이 적게 걸린 사람입니다. 그러므로 김달려 군보다 30분 적게 걸린 이대로 군이 더 빠르다고 생각합니다.

판결합니다. 수학은 답이 명확하게 나오는 학문입니다. 그러므로 모든 사람이 그 결과에 승복하게 됩니다. 지금 피고 측 변호사가 계산해 보여 준 것처럼 이대로 군이 전체 거리를 뛰는 데 걸린 시간이 적으므로 이대로 군이 김달려 군보다 빠르다는 것을 인정합니다.

재판 후 김달려 군은 이대로 군과 화해를 했다. 그리고 이대로 군처럼 일정한 빠르기로 뛰는 방법을 배웠다. 두 사람의 마라톤 기록은 점점 향상되었다. 이대로 군과 김달려 군은 세계 마라톤 대회에서 나란히 1, 2등을 차지하게 되었다.

사건 속으로

이덤덤 씨와 김할인 씨는 같은 동네에서 길 하나를 사이에 두고 서로 마주 보며 사과 가게를 하고 있다. 같은 업종이라서 그런지 두 사람 사이는 그리 좋은 편이 아니었다.
두 사람은 한 명이라도 더 손님을 끌기 위해 서로 헐뜯기도 하고 가격을 낮추기도 하면서 경쟁을 벌였다. 두 사람은 같은 값에 사과를 팔고 있었는데, 어느 날 이덤덤 씨가 사과 8개를 사면 덤으로 한 개를 더 준다는 광고를 벽에 붙였다.
이에 질세라 김할인 씨도 사과 8개를 사면 10% 할인해 준다는 광고를 붙였다. 손님들은 어느 쪽의 사과 값이 더 싼지 알 수 없어 두 집 사이를 두리번거렸다.

그때 10% 할인 판매를 하는 김할인 씨는 자신의 가게가 더 싸다고 사람들에게 떠들고 다녔다. 이 홍보 효과 때문인지 다음 날부터 김할인 씨의 가게는 붐비고 이덤덤 씨의 가게는 한산했다.

김할인 씨 때문에 사과를 하나도 팔지 못하고 집으로 돌아간 이덤덤 씨는 아무래도 자신의 사과가 더 쌀 것 같다는 생각이 들어 허위 과장 광고를 한 김할인 씨를 수학법정에 고소했다.

사과 8개를 사면 한 개를 덤으로 주는 것과 10% 할인해 주는 것 중

어느 것이 더 싼 것일까요? 덤으로 주는 것입니다.

여기는 수학법정

사과 8개를 사면 한 개를 덤으로 주는 것과 10%를 할인해 주는 것 중 어느 쪽 사과 값이 쌀까요? 수학법정에서 알아봅시다.

수학짱 판사

수치 변호사

매쓰 변호사

피고 측 말씀하세요.

이덤덤 씨는 8개를 사면 한 개를 덤으로 주고, 김할인 씨는 8개를 사면 10% 할인해 준다고 했습니다. 이렇게 복잡한 상황에 누구의 사과가 더 싼지는 알 수 없습니다. 그러므로 김할인 씨가 허위 광고를 했다고 생각할 수 없습니다.

수치 변호사가 뭔 소리를 하는지 알 수가 없군. 아무튼 원고 측 변론하세요.

세일 연구소의 한세일 박사를 증인으로 요청합니다.

한세일 박사가 증인석에 앉았다.

증인은 어떤 일을 하고 있습니까?

여러 가지 종류의 할인에 대해 어느 쪽이 할인율이 높은 지를 연구하고 있습니다.

그럼 8개를 사면 한 개를 덤으로 주는 것과 8개를 사면 10% 할인해 주는 것 중 어느 쪽이 더 많이 할인해 주는 것입니까?

덤과 퍼센트 할인의 관계이군요. 결론부터 말하면 이덤

덤 씨가 더 많은 할인을 한 셈입니다.

구체적으로 계산해 주시겠습니까?

두 경우 사과 한 개의 값을 비교하면 됩니다. 사과 한 개의 값이 900원이라고 해 보죠. 그럼 이덤덤 씨 가게에서 사과를 산 사람은 사과 8개의 값인 7,200원에 사과 9개를 산 셈이 됩니다.

그렇죠. 덤으로 한 개를 더 받았으니까.

그러니까 이 경우 실제로 사과 한 개의 가격은 7,200원을 9로 나눈 800원이 되는 것입니다.

100원을 깎아 준 셈이군요.

이번에는 김할인 씨의 경우를 보죠. 이때는 900원짜리 사과를 10% 할인된 810원에 사는 셈이 됩니다. 그러니까 김할인 씨의 가게에서는 이덤덤 씨의 가게보다 10원을 더 주고 사게 됩니다.

한세일 박사가 계산을 통해 보여 주었듯이, 이덤덤 씨의 가게에서 사과를 살 경우 사과의 값이 더 싸다는 것을 알 수 있습니다. 그러므로 김할인 씨가 허위 과장 광고를 했다고 할 수 있습니다.

판결합니다. 역시 수학법정은 깔끔해서 좋군요. 계산이 딱 나오니까요. 제가 할 일이 거의 없습니다. 원고 측 증인인 한세일 박사의 계산은 수학적으로 완벽한 모범 답안입니다. 그러므로 김할인 씨의 허위 광고를 인정합니다.

재판 후 김할인 씨의 가게로 몰렸던 손님들이 다시 이덤덤 씨의 가게로 몰렸다. 조금이라도 더 싼 값에 사과를 사려는 사람들의 마음이었을 것이다.

농도와 속도

농도는 진한 정도를 나타내는 퍼센트 비율입니다. 예를 들어 소금물의 경우 농도가 높을수록 더 짭니다. 그럼 소금물의 농도는 어떻게 구할까요?

간단해요. 소금물의 양을 기준량으로 하고 소금의 양을 비교하는 양으로 하여 퍼센트 비율을 구하면, 그것이 바로 소금물의 농도가 됩니다.

$$\text{농도} = \frac{\text{소금의 양}}{\text{소금물의 양}} \times 100(\%)$$

예를 들어 물 192g과 소금 8g으로 소금물 200g을 만들었다고 합시다. 이 때 소금물에 대한 소금의 퍼센트 비율이 소금물의 농도입니다.

$$\text{농도} = \frac{8}{200} \times 100 = 4(\%)$$

그러니까 4% 소금물이군요. 물론 여기에 소금을 더 부으면 점점 농도가 올라갑니다. 반대로 농도를 낮추기 위해서는 물을 더

부으면 됩니다. 우리는 국이 싱거우면 소금을 더 넣고, 짜면 뜨거운 물을 더 넣어 적당한 농도의 국을 만들어 먹습니다.

소금물의 농도는 소금물의 양을 기준량으로 하고
소금의 양을 비교하는 양으로 한 퍼센트 비율입니다.

속력 이야기

이번에는 속력에 대한 이야기를 해 보죠. 속력은 빠르기를 나타내는 양이지요. 속력은 거리를 걸린 시간으로 나눈 양입니다.

속력 = 거리 ÷ 시간

왜 거리를 시간으로 나눌까요?

간단해요. 미나는 8초 동안 8m를 걸었고, 수지는 3초 동안 6m를 뛰어갔어요. 그럼 누가 더 빠른가요? 그러니까 속력이 더 큰 사람을 찾으면 되지요.

미나가 더 긴 거리를 움직였으니까 미나가 더 빠를까요? 아니죠. 미나가 걸어간 시간과 수지가 뛰어간 시간이 다르거든요. 이렇게 서로 다른 시간 동안 움직인 거리를 비교하여 빠르기를 나타낼 수는 없어요. 아무리 느린 달팽이도 1년 동안 움직이면 긴 거리를 움직일 테니까요.

미나와 수지가 움직인 시간이 다르니까 같은 시간 동안 움직인 거리를 서로 비교해 보죠. 예를 들어 1초 동안 움직인 거리를 생각해 보죠. 그것은 다음과 같이 비례식을 풀면 됩니다.

미나) 8초 : 8m = 1초 : □ m ➜ □ = 1

수지) 3초 : 6m = 1초 : □ m ➜ □ = 2

그러니까 미나는 1초에 1m를, 수지는 1초에 2m를 간 셈이므로 수지의 속력이 더 크지요. 이때 □는 거리를 걷는 데 걸린 시간으로 나눈 값이죠. 그래서 속력은 거리를 시간으로 나눈 값으로 정의합니다.

그렇다면 속력의 단위는 뭘까요?

예를 들어 100m를 달리는 데 10초가 걸렸다면 속력은 100÷10=10이므로 10m/s가 됩니다. 여기서 m/s는 속력의 단위입니다. m를 s로 나눈 단위라는 뜻이죠. 여기서 s는 뭘까요? 그것은 초를 나타내는 영어 단어인 second의 첫 글자입니다. 10m/s를 초속 10m라고도 읽습니다.

속력의 단위에 m/s만 있을까요? 그렇지 않습니다. 우리가 자주 쓰는 속력의 단위로는 자동차나 버스의 속력을 나타내는 km/h가 있습니다.

예를 들어 400km를 4시간에 달리는 버스의 속력은 400을 4로

나눈 100km/h가 됩니다. 여기서 h는 시간을 나타내는 영어 단어 hour의 첫 글자입니다.

제8장

확률에 관한 사건

감점의 수학_ OX 문제

찍어서 답 쓴 사람의 점수가 더 잘 나왔다면 시험 출제자에게 책임이 있을까

불공평한 게임_ 항상 지는 게임

항상 한쪽이 지게 되어 있는 게임이 있을까

확률에 의한 계산_ 우승 상금 배당

경기 도중 사고로 경기가 중단되면 우승 상금을 어떻게 나누어야 할까

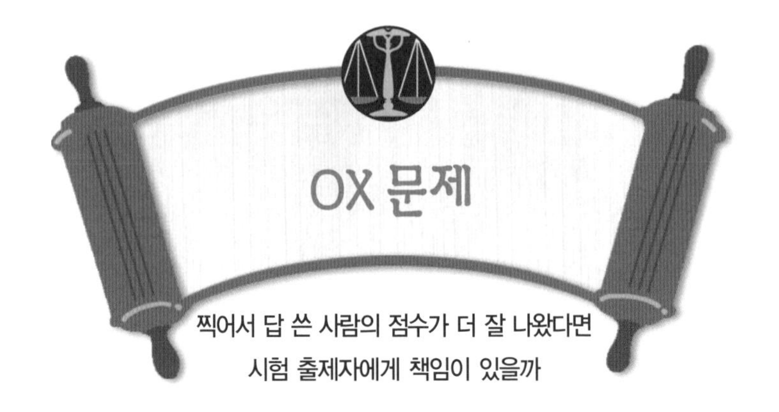

사건 속으로

최근에 매쓰 시티의 대학생들은 심각한 취업난 때문인지 학점에 아주 예민했다. 그것은 대부분의 대기업이 학점 좋은 대학 졸업자를 선호하기 때문이었다.

매쓰 대학 수학과 4학년인 오엑스 군은 마지막 학기에 교양 과목인 '현대 수학의 이해'라는 과목 시험을 치렀다. 이 시험에서만 A학점을 따면 전체 수석으로 졸업하게 되어 과학공화국 최대 기업인 SS 회사에 입사하는 기회가 주어지게 되어 있었다.

오엑스 군이 수석을 차지하는 것에 대해 의문을 품는 학생이 없을 정도로 그의 성적은 탁월했다. '현대 수학의 이해'는 6문제가 ○× 문제로 출제되었는데, 문제가 너무 어려워 정답이 ○인지 ×인지를 확신할 수 없었다.

오엑스 군은 답을 모르는 문제에 대해서는 답을 쓰지 않고 답이 확실한 2개의 문제에만 ○× 표시를 했다. 채점 결과 오엑스 군은 2점을 받았는데 많은 학생들이 전부 ○만 쓰거나 전부 ×만 써서 3점을 받았다. 6문제 중 3문제는 정답이 ○이고 나머지는 ×였기 때문에 누구나 쉽게 3점을 받을 수 있었다.

이 시험에서 F를 받아 수석 졸업을 할 수 없게 된 오엑스 군은 아무렇게나 찍어서 답을 쓴 학생은 3점이 나오고 2문제의 답을 정확하게 알고 있는 학생은 2점이 나온다는 것은 불합리하다며 '현대 수학의 이해'의 담당 교수인 정수상 교수를 수학법정에 고소했다.

OX 문제나 4지 선다형 등 객관식 문제의 경우는

운으로 답을 맞히는 경우가 생깁니다.

여기는 수학법정

○× 문제의 경우 찍어서 운으로 정답을 맞히는 걸 막기 위해 감점이 필요할까요? 수학법정에서 알아봅시다.

수학짱 판사

수치 변호사

매쓰 변호사

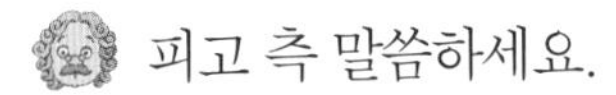

피고 측 말씀하세요.

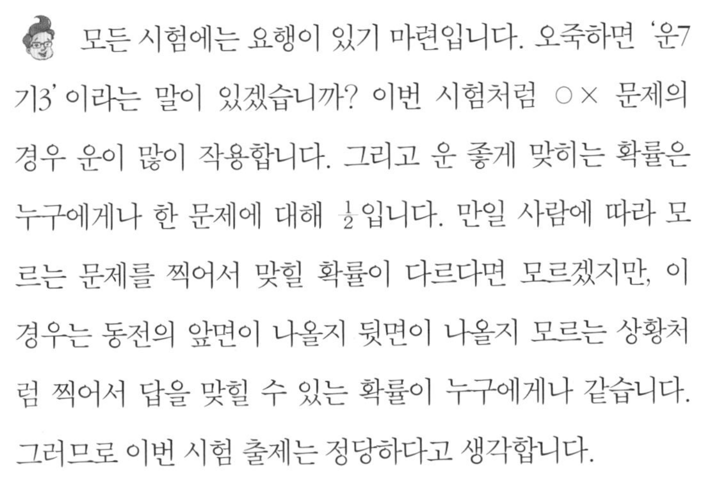

모든 시험에는 요행이 있기 마련입니다. 오죽하면 '운7기3' 이라는 말이 있겠습니까? 이번 시험처럼 ○× 문제의 경우 운이 많이 작용합니다. 그리고 운 좋게 맞히는 확률은 누구에게나 한 문제에 대해 $\frac{1}{2}$입니다. 만일 사람에 따라 모르는 문제를 찍어서 맞힐 확률이 다르다면 모르겠지만, 이 경우는 동전의 앞면이 나올지 뒷면이 나올지 모르는 상황처럼 찍어서 답을 맞힐 수 있는 확률이 누구에게나 같습니다. 그러므로 이번 시험 출제는 정당하다고 생각합니다.

원고 측 변론하세요.

문제다 씨를 증인으로 요청합니다.

문제다 씨가 증인석에 앉았다.

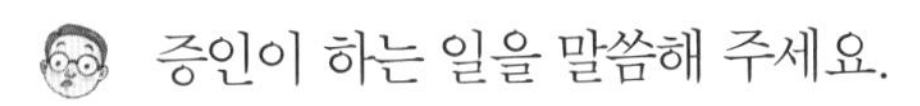

증인이 하는 일을 말씀해 주세요.

저는 여러 종류의 문제에 대해 공정성 여부를 조사하는 일을 하고 있습니다.

구체적으로 어떤 일이죠?

최근의 시험 문제는 다양한 형태로 변하고 있습니다. 예를 들어 단답형 주관식 문제, 서술형 주관식 문제, 4지 선다형, 5지 선다형, ○× 문제 등 그 종류가 다양합니다.

가장 많은 문제 유형은 뭐죠?

컴퓨터가 보급되기 전에는 출제자가 직접 채점하는 방식이므로 주관식 문제가 많았지만, 컴퓨터가 채점하는 시대에는 4지나 5지 선다형과 같은 객관식 문제가 많이 출제되고 있습니다.

그럼 이번 사건에 대해 어떻게 생각하십니까?

아하, ○× 문제 말씀이군요. ○× 문제 등 객관식 문제의 경우는 운으로 답을 맞히는 경우가 생깁니다. 4지 선다형에서 답이 한 개인 경우 아무 거나 선택해 그것이 답이 될 확률은 $\frac{1}{4}$ 입니다. 그러니까 4문제 중 한 문제는 맞힐 수 있다는 얘기가 됩니다. 그런데 ○× 문제는 운으로 맞히기가 더욱 쉽습니다.

그건 왜죠?

○× 문제는 답이 ○이거나 ×, 둘 중 하나이기 때문이죠. 그러니까 답을 아무렇게나 썼을 때 그것이 답이 될 확률은 $\frac{1}{2}$ 이 됩니다. 즉, 두 문제 중 한 문제를 맞힐 수 있다는 얘기죠.

그렇다면 ○와 ×의 개수가 똑같게 문제를 냈다면 ○

만 모두 쓰거나 ×만 모두 쓰면 절반의 점수는 얻을 수 있다는 얘기군요.

그렇습니다. 그러므로 이런 경우 실력으로 문제를 푼 학생과 운으로 답을 맞힌 학생과의 실력을 비교할 수 없는 일이 생기기도 합니다. 그러니까 찍어서 답을 쓴 학생이 점수가 더 많이 나올 수도 있는 거죠.

그렇다면 조금은 불합리하군요. ○× 문제의 이런 모순을 해결하는 방법은 없습니까?

최근에 공업공화국에서는 이런 문제를 해결하기 위해 감점 제도를 도입하고 있습니다.

구체적으로 어떤 거죠?

그러니까 ○× 문제에서 답을 적었을 때 맞으면 1점을 주고 틀리면 1점을 깎는 거죠.

그럼 똑같은 것 아닌가요?

그렇지 않죠. 이때 답을 알 수 없어 ○×를 쓰지 않고 비워두면 0점이 되니까 감점은 없죠. 그러니까 오엑스 군의 경우 6문제 중 2문제를 풀어 맞혔고 나머지 4문제는 답을 적지 않았으니까 점수는 2점이 됩니다. 하지만 ○만 모두 쓴 학생을 보죠. 이때 정답이 ○인 문제는 3문제이니까 3점을 얻지만, 정답이 ×인 문제를 ○로 쓴 3문제에 대해 3점을 잃어 그런 학생들의 점수는 0점이 됩니다. 그러니까 2문제를 확실하게 푼 오엑스 군의 점수가 더 높게 나오게 됩니다.

○× 문제는 찍어서 맞힐 확률이 $\frac{1}{2}$로 다른 어떤 선택형 문제보다 운으로 점수를 얻을 확률이 높다고 볼 수 있습니다. 공부를 한 사람과 하지 않은 사람을 가리는 것이 시험이므로 찍어서 운으로 답을 맞힌 사람이 정확하게 답을 알고 있는 사람보다 점수가 더 잘 나와서는 안 된다는 것이 본 변호사의 주장입니다.

판결합니다. 최근 많은 시험이 채점하기 편리하도록 ○× 문제 또는 객관식 문제로 출제되고 있습니다. 이로 인해 공정한 실력 비교가 아니라 약간 운이 좋은 사람이 점수가 더 잘 나오는 일이 많이 발생하고 있습니다. 이번 사건도 그런 경우로, ○× 문제에서 찍어서 답을 맞힐 확률이 다른 어떤 종류의 시험 방식보다 높다는 점이 인정되어 정수상 교수의 이번 시험은 무효로 인정합니다.

재판 후 '현대 수학의 이해'의 재시험이 치러졌다. 정수상 교수는 이번에는 ○× 문제가 아닌 단답형으로 모든 문제를 출제했다. 예상대로 오엑스 군이 최고 점수를 얻어 수석으로 졸업하게 되었다.

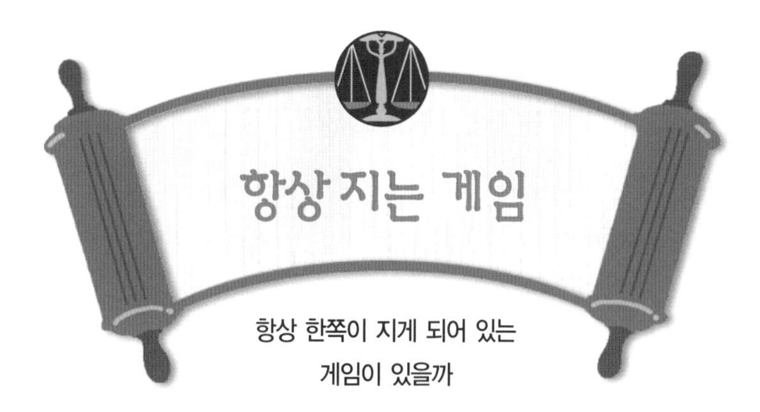

항상 한쪽이 지게 되어 있는
게임이 있을까

사건 속으로

이도박 군과 김손해 군은 친구 사이다. 그런데 두 사람은 만나기만 하면 내기를 하는 버릇이 있었다. 물론 도박이라고 하기에는 너무 작은 돈을 걸고 하는 게임이었다.

어느 날 이도박 군이 새로운 게임을 제안했다.

"손해야, 우리 가위바위보 게임 할까?"

"좋아."

"만일 내가 이기면 네가 가진 돈의 절반을 내가 갖고, 네가 이기면 네가 가진 돈의 절반만큼 내가 줄게."

"그래? 그거 공평하군."

이렇게 하여 두 사람은 가위바위보 게임을 하게 되었다. 그런데 게임을 계속할수록 김손해 군의 돈은 점점 줄어드는 반면, 이도박 군의 돈은 계속 늘어났다.

이렇게 하여 김손해 군은 자신이 가지고 있던 돈을 모두 잃었다. 이 게임으로 손해를 본 김손해 군은 아무리 생각해도 게임이 공정하지 못하다는 생각이 들었다. 그리하여 이도박 군을 수학법정에 고소했다.

두 사람이 게임을 하는 경우 각각의 사람이 이겼을 때
받는 돈의 액수가 같아야만 공평한 게임입니다.

여기는 수학법정 김도박 군과 이손해 군의 게임은 왜 공평하지 않을까요? 수학법정에서 알아봅시다.

 피고 측 말씀하세요.

이도박 군이 김손해 군에게 제안한 게임은 누가 봐도 공평한 게임입니다. 이도박 군이 이기면 김손해 군의 돈 중 절반이 이도박 군에게 오고, 김손해 군이 이기면 김손해 군의 돈 중 절반만큼을 이도박 군으로부터 받으니까, 이기면 반을 얻고 지면 반을 잃는 아주 공평한 게임입니다. 하지만 공평한 게임에서도 운이 좋은 사람은 돈을 따고 운이 나쁜 사람은 돈을 잃게 됩니다. 이번 사건의 경우는 김손해 군의 운이 좀 나빴다는 생각이 듭니다.

 원고 측 변론하세요.

 페어 게임 연구소의 평게임 씨를 증인으로 요청합니다.

평게임 씨가 증인석에 앉았다.

 페어 게임 연구소는 어떤 일을 하고 있죠?

 게임이 공평하게 진행되는지를 연구합니다.

 그럼 이번 게임의 경우는 공평합니까?

 저희가 조사해 본 바로는 공평하지 않은 게임입니다.

어떤 점에서죠.

이 게임은 이도박 씨에게 유리한 게임입니다. 그러니까 시간이 흐를수록 이도박 씨가 돈을 더 많이 가지게 됩니다.

잘 이해가 안 가는군요. 이기면 절반을 얻고 지면 절반을 잃는 게임 아닌가요?

그렇지 않습니다. 지금 이 게임은 이도박 씨의 돈과는 관계없이 김손해 군이 가지고 있는 돈의 절반에 의존합니다. 쉬운 예를 들어 보겠습니다. 이도박 군과 김손해 군이 똑같이 100원씩을 가졌다고 가정합시다. 이도박 군과 김손해 군이 똑같이 한 번씩 이긴 경우를 봅시다. 먼저 이도박 군이 이기고 다음에 김손해 군이 이긴 경우를 보죠. 첫 판에 이도박 군이 이기면 김손해 군으로부터 100원의 절반인 50원을 받습니다. 그러니까 이도박 군은 150원, 김손해 군은 50원이 되죠. 다음 판에 김손해 군이 이기면 김손해 군의 돈의 절반인 25원을 이도박 군으로부터 받습니다. 그러니까 이도박 군은 125원이 되고 김손해 군은 75원이 되어 똑같이 한 판씩 이겼는데 이도박 군이 더 많은 돈을 가지게 됩니다.

김손해 군이 먼저 이기는 경우는요?

첫 판을 김손해 군이 이기면 김손해 군은 이도박 군으로부터 50원을 받습니다. 그럼 이도박 군은 50원, 김손해 군은 150원이 됩니다. 다음 판에 이도박 군이 이기면 김손해 군의 돈의 절반인 75원을 이도박 군이 받습니다. 그럼 이도박 군은 125원, 김손해 군은 75원이 되어 역시 김손해 군이 손해를 보게 됩니다.

이번 사건은 게임의 규칙이 이도박 군에게 유리하다는 점을 강조하고 싶습니다. 그러므로 이도박 군과 김손해 군의 모든 게임 결과를 무효로 하여 이도박 군이 김손해 군에게 딴 돈을 모두 되돌려줄 것을 주장합니다.

판결합니다. 모든 게임은 공평해야 합니다. 그러니까 두 사람이 게임을 하는 경우 각각의 사람이 이겼을 때 받는 돈의 액수가 같아야만 공평한 게임이라고 할 수 있습니다. 그런데 이번 게임은 명백히 이도박 군에게만 유리하므로 이번 게임으로 이도박 군이 딴 돈은 인정할 수 없습니다. 또한 두 사람은 습관적으로 도박을 하는 나쁜 버릇이 있다고 인정되므로 일주일 동안 금도박 스쿨에 입교할 것을 판결합니다.

재판 후 두 사람은 금도박 스쿨에 들어갔다. 그 곳은 습관적으로 도박을 하는 사람들의 버릇을 고쳐 주는 곳이었다. 두 사람은 그 곳에서 '건전한 게임과 확률과의 관계'에 대해 공부했다. 금도박 스쿨을 나온 두 사람은 지금은 돈을 걸지 않는 건전한 게임을 하면서 지내고 있다.

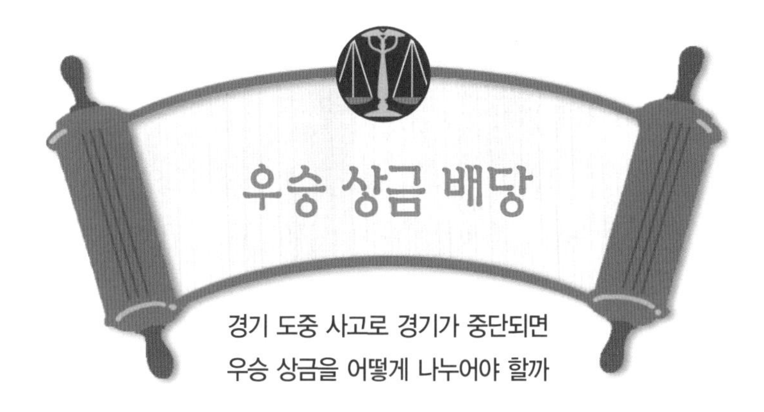

사건 속으로

과학공화국의 농구 챔피언을 뽑는 챔피언 결정전이 시작되었다. 결승에 오른 두 팀은 매쓰톱과 케미톱이었다. 결승전은 5전 3선승제였다. 그러니까 먼저 세 번 이기는 팀이 이기는 것이다.

우승 팀에게는 4,800만 원의 상금이 주어지고 준우승 팀은 상금이 없었다. 그래서인지 양 팀의 대결은 첫 경기부터 한 치의 양보도 없었다.

첫 경기와 두 번째 경기를 이긴 매쓰톱은 세 번째 경기에서 케미톱에 역전패하여 두 팀 간의 전적은 2승 1패로 매쓰톱이 앞서갔다. 이제 매쓰톱은 남은 2경기 중 1경기만 이기면 우승을 하게 되어 있었다.

그런데 네 번째 경기를 앞두고 불행한 사건이 터졌다. 케미톱 선수들이 탄 비행기가 매쓰톱의 홈구장인 매쓰 시티로 오던 중 사고로 추락한 것이다. 이 사고로 케미톱의 선수 전원이 죽었다.

이 사고 때문에 더 이상 농구 챔피언 결정전은 치를 수가 없었다. 농구 연맹에서는 매쓰톱이 두 번, 케미톱이 한 번 이겼으므로 우승 상금 4,800만 원을 이 비율로 나눠 매쓰톱에 3,200만 원을, 케미톱에 1,600만 원을 지급했다.

매쓰톱은 이런 식으로 상금을 나누는 것이 정당한가를 프로바브 연구소에 의뢰했고, 며칠 후 프로 바브 연구소의 김확률 소장은 매쓰톱이 400만 원을 더 가져가야 한다는 회신을 보내 주었다.

그리하여 이 사건은 매쓰톱의 고소로 수학법정에서 다루어지게 되었다.

사고로 더 이상 경기를 치를 수 없을 때 우승 상금을
이긴 횟수의 비가 아니라 우승 확률의 비로 나누어야 합니다.

여기는 수학법정 과연 매쓰톱이 400만 원을 더 가져가야 할까요? 수학법정에서 알아봅시다.

수학짱 판사

수치 변호사

매쓰 변호사

원고인 매쓰톱이 피고 농구 연맹에 대해 우승 상금 분배에 대한 이의제기를 하여 이루어진 재판입니다. 피고 측 말씀하세요.

지금 케미톱 선수 전원이 죽어 더 이상 경기를 할 수 없는 상황입니다. 물론 2승 1패로 매쓰톱이 앞서고는 있었지만 경기는 역전이 가능하기 때문에 만일 계속 경기가 이어진다면 누가 이길지는 아무도 장담할 수 없습니다. 실제로 3회 챔피언 결정전에서는 0승 2패로 뒤지고 있던 피즈몬이 내리 3승을 따내 역전 우승을 한 적도 있습니다. 그러므로 현재까지 이긴 경기 수의 비율로 우승 상금을 배당한 농구 연맹의 결정은 정당하다고 생각합니다.

원고 측 변론하세요.

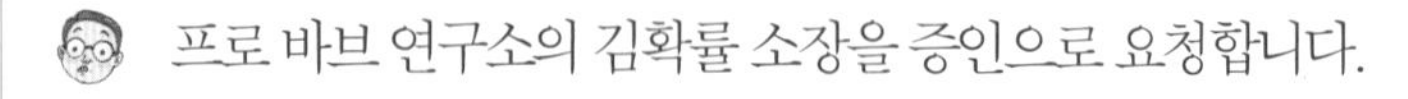
프로 바브 연구소의 김확률 소장을 증인으로 요청합니다.

김확률 소장이 증인석에 앉았다.

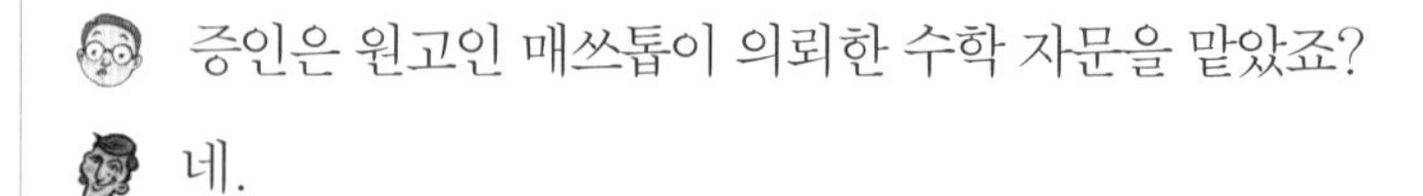
증인은 원고인 매쓰톱이 의뢰한 수학 자문을 맡았죠?

네.

어떤 내용이죠?

우승 상금의 배당이 정확했는지에 대한 의뢰였습니다.

그런데 증인은 농구 연맹의 분배가 옳지 않다고 주장했죠?

그렇습니다.

어떤 이유에서죠?

이런 문제는 우승한 횟수의 비율로 따져서는 안 됩니다. 만일 이번 사고가 한 경기를 치른 후 일어났다고 합시다. 그럼 이긴 팀은 우승 횟수가 한 번이고 진 팀은 이긴 횟수가 0번입니다. 그럼 이긴 횟수의 비로 우승 상금을 배정한다면 한 경기를 이긴 팀이 4,800만 원을 모두 가져가야 한다는 얘기가 됩니다. 이것은 누가 보아도 공평해 보이지 않습니다.

그럼 어떻게 나누는 것이 공평하죠?

2승 1패의 상태에서 두 팀이 우승할 확률을 비교하는 것입니다.

그것이 계산 가능합니까?

물론입니다. 매 경기마다 누가 이길지 모르니까 각 팀이 이길 확률은 $\frac{1}{2}$입니다. 그러니까 매쓰톱은 남은 두 경기에서 한 번만 이기면 우승이고, 케미톱은 두 번 모두 이겨야 우승입니다. 따라서 매쓰톱이 우승할 확률은 $\frac{3}{4}$이고 케미톱이 우승할 확률은 $\frac{1}{4}$이므로 우승 상금은 우승 확률의 비인

3 : 1로 나누어야 합니다. 그러니까 매쓰톱이 3,600만 원을, 케미톱이 1,200만 원을 가져야겠죠.

그렇습니다. 이번 사건과 같이 사고로 더 이상 경기를 치를 수 없을 때 우승 상금은 김확률 박사가 얘기했듯이 이긴 횟수의 비가 아니라 우승 확률의 비로 나누어야 한다는 것이 본 변호사의 생각입니다.

판결합니다. 우승 상금이란 우승을 했을 때 받는 상금입니다. 지금과 같이 우승 팀을 가릴 수 없는 경우에는 원고 측의 주장처럼 각 팀이 우승할 확률을 조사하는 것이 타당하다고 생각되어 피고 케미톱은 원고 매쓰톱에 400만 원을 되돌려줄 것을 판결합니다.

재판 후 국민들은 사고로 죽은 케미톱 선수들을 대상으로 좀 더 많은 우승 상금을 가져가려 한 매쓰톱 선수들을 비난했다. 하지만 매쓰톱 선수들은 사실 재판에서 더 얻은 상금으로 케미톱 선수들을 위한 기념탑을 지으려고 했던 것이었다. 매쓰톱 선수들의 상대 팀에 대한 훈훈한 소식이 전해지자 케미톱 선수들의 유가족을 도우려는 국민들의 성금이 이어졌다.

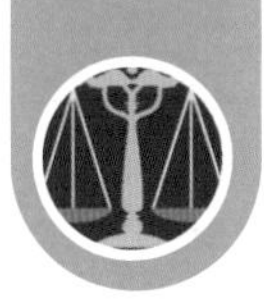

확률

우리는 일상생활에서 확률이라는 단어를 자주 사용합니다. 예를 들어 복권에 당첨될 확률이라든가, 월드컵에서 한국이 우승할 확률이라든가. 확률은 어떤 사건이 일어날 가능성을 숫자로 나타낸 것입니다. 즉, 확률은 가능한 모든 경우의 수에 대한 특정한 어떤 사건의 경우의 수의 비율입니다.

예를 들어 동전을 던져 앞면이 나올 확률을 보죠. 가능한 모든 경우는 앞면 또는 뒷면이니까 2가지이죠. 그리고 앞면이 나오는

확률은 어떤 사건이 일어날 가능성을 숫자로 나타낸 것입니다.

경우의 수는 1가지이죠. 그러니까 구하는 확률은 $\frac{1}{2}$이 됩니다. 뒷면이 나올 확률 역시 절반이죠.

다른 예를 들어 봅시다. 주사위에서 3의 눈이 나올 확률은 얼마일까요?

주사위는 6개의 면에 1부터 6까지의 숫자가 쓰여 있습니다. 그러니까 가능한 모든 경우는 6가지입니다. 그중에서 3이 나오는 경우는 1가지이므로 주사위를 던져 3의 눈이 나올 확률은 $\frac{1}{6}$입니다. 물론 다른 번호의 눈이 나올 확률도 $\frac{1}{6}$이지요.

이번에는 동전을 2개 던져서 모두 앞면이 나올 확률을 구해 봅시다.

●을 동전의 뒷면이 나온 경우라고 하고 ○를 동전의 앞면이 나온 경우라고 합시다. 이때 나올 수 있는 모든 경우는 다음과 같습니다.

○○

○●

●○

●●

즉, 가능한 모든 경우는 4가지입니다. 이 중에서 모두 앞면인 경우는 1가지이므로 구하는 확률은 $\frac{1}{4}$입니다. 그럼 $\frac{1}{4}$과 동전 하나를 던져 앞면이 나올 확률 $\frac{1}{2}$과는 어떤 관계가 있을까요?

$$\frac{1}{4} = \frac{1}{2} \times \frac{1}{2}$$

그러니까 첫 번째 동전이 앞면이 나오고 동시에 두 번째 동전이 앞면이 나올 확률은 각 동전에서 앞면이 나올 확률의 곱이 됩니다. 이것은 확률에 대한 중요한 법칙입니다.

똑같은 방법을 객관식 시험 문제에 적용할 수 있습니다.

정답이 한 개인 4지 선다형 문제가 5문제 출제되었다고 합시다. 그런데 진우는 5문제를 모두 몰라 아무렇게나 답을 썼어요. 이때 진우가 5문제를 모두 맞힐 확률을 구해 봅시다. 4지 선다형은 보기가 4개죠? 그리고 답은 하나이니까 아무 번호에나 체크를 했을 때 그것이 답이 될 확률은 $\frac{1}{4}$입니다.

마찬가지로 5문제 각각에 대해 정답을 맞힐 확률은 $\frac{1}{4}$입니다. 그러므로 5문제 모두 맞힐 확률은 각 문제를 맞힐 확률의 곱이므

로 $\frac{1}{4}\times\frac{1}{4}\times\frac{1}{4}\times\frac{1}{4}\times\frac{1}{4}=\frac{1}{1024}$ 이 됩니다. 즉, 1024명이 이런 식으로 시험을 쳤을 때 만점이 한 명 나온다는 것입니다. 그러니까 운에 의해 만점을 얻는다는 것은 상당히 확률이 낮은 일이라고 볼 수 있습니다.

제9장

논리에 관한 사건

무한집합_무한대 손님 받기

손님이 꽉 찬 호텔에서 어떻게 새로 방을 내줄 수 있을까

논리의 수학_논리로 범인 잡기

논리의 힘으로 정확하게 범인을 찾아낼 수 있을까

사건 속으로

매쓰 시티에서 북동쪽으로 약 30km 떨어진 곳에 칸토로 시티가 있다. 이곳에 유명한 온천이 개발된 후 과학공화국 사람들이 몰려와 많은 호텔이 들어섰다. 최근에는 인피니티 호텔이 생겼는데 칸토르 시티에서 가장 아름다운 호수에 인접해 있어 많은 관광객들이 인피니티 호텔에 예약하려 했다. 그리하여 다른 호텔들은 인피니티 호텔 방이 모두 채워지고 나면 그때부터 손님들을 유치하려고 했다.

워낙 관광객이 많아 인피니티 호텔 손님을 빼도 다른 호텔들에는 큰 무리가 없을 것이라고 생각했다. 그러나 그 예상은 빗나갔다. 어느 화창한 주말, 많은 관광객들이 칸토르 시티로 몰려들었다. 그들은 소문난 인피니티 호텔로 모두 몰려갔다. 그런데 놀랍게도 그 많은 인원이 모두 인피니티 호텔에 머무를 수 있었다. 다른 호텔들의 객실은 텅 비었다. 호텔 업주들이 모여 이 문제를 논의하게 되었다.

"인피니티 호텔의 방이 몇 개 정도 되죠?"

"글쎄요."

"도대체 방이 몇 개나 되기에 그 많은 사람들을 모두 숙박시킬 수 있단 말이죠? 인피니티 호텔과 비슷한 규모의 피니티 호텔은 객실 수가 500개이고, 이번 주말에 우리 도시를 찾은 관광객 수는 어림잡아 5만 명이 넘어요. 그런데 어떻게 인피니티 호텔에 5만 명이 들어갈 수 있단 말인지…. 이건 사기요. 틀림없이 인피니티 호텔이 다른 손님들을 자신과 친한 호텔에 소개하거나, 아니면 한 방에 여러 명이 자게 해서 손님들에게 불편을 주고 있거나 할 거예요."

"그런 것 같아요. 그렇지 않고서는 말도 안 되는 일이에요."

이렇게 하여 인피니티 호텔을 제외한 다른 호텔 연합회는 인피니티 호텔을 상대로 수학법정에 고발했다.

인피니티 호텔은 방이 무한개인 호텔로 무한개의 방이 무한 명의 손님으로
가득 찼다 해도 새로운 손님에게 빈 방을 내줄 수 있습니다.

여기는 수학법정 인피니티 호텔은 어떤 원리로 계속 손님에게 방을 내줄 수 있을까요? 수학법정에서 알아봅시다.

 원고 측 말씀하세요.

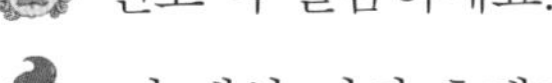

이 세상 어떤 호텔도 손님으로 가득 차 있을 때 더 이상 손님을 받을 수 없습니다. 아마도 인피니티 호텔은 손님들을 갈라 놓아 여자는 여자끼리, 남자는 남자끼리 자게 하는 방법으로 손님들에게 불편을 주면서 호텔 운영을 하는 것으로 생각됩니다.

피고 측 말씀하세요.

 인피니티 호텔의 지배인 무한대 씨를 증인으로 요청합니다.

무한대 씨가 증인석에 앉았다.

 증인은 인피니티 호텔의 지배인이죠?

 그렇습니다.

 인피니티 호텔은 아무리 많은 손님이 와도 빈 방이 있다는데, 그 소문이 사실입니까?

 네.

 그런 일이 가능합니까? 혹시 호텔 연합회에서 주장하

듯 여러 손님들을 한방에서 자게 하는 건 아닙니까?

그런 일은 절대 없습니다.

그럼 어떻게 무한히 많은 손님을 받을 수 있다는 거죠?

저희 호텔은 객실 수가 무한대입니다.

무한대가 뭐죠?

무한히 큰 수를 말합니다. 그러니까 무한대보다 큰 수는 정의되지 않습니다.

무한히 많은 손님으로 방이 모두 채워졌다고 해 보죠. 그리고 또 한 사람이 오면 어느 방을 내주죠?

저희는 무한대의 성질을 이용합니다. 그러니까 모든 손님들에게 자신의 객실 번호보다 한 번호 높은 번호를 가진 객실로 가라고 합니다. 그럼 1번은 2번으로, 2번은 3번으로, 3번은 4번으로, 이런 식으로 다시 무한대의 손님들이 무한대의 방에서 잘 수 있고 1번 방이 남습니다. 그 방에 새로 온 손님을 받으면 됩니다.

인피니티 호텔은 방이 유한개가 아니라 무한개인 호텔입니다. 물론 방의 개수가 유한개인 호텔은 방의 개수가 아무리 많아도 방에 손님이 꽉 차면 더 이상 손님을 받을 수 없습니다. 하지만 방의 개수가 무한대인 인피니티 호텔의 경우는 다릅니다. 무한개의 방이 무한 명의 손님으로 가득 찼다 해도 새로운 손님에게 빈 방을 내줄 수 있습니다. 그것이 바로 무한대의 신비로움입니다. 그러므로 인피니티 호텔은 어떠한 불법적인 행위도 하지 않았다는 것을 말씀드리고 싶습니다.

판결합니다. 아직도 잘 이해는 안 가지만 무한대는 참 희한하군요. 그렇지만 피고 측 증인의 말처럼 인피니티 호텔의 방이 새롭게 만들어진다는 점을 인정합니다. 아마도 무한대란 그 끝을 알 수 없기 때문에 이런 일이 가능한 것으로 생각됩니다. 그러므로 원고인 호텔 연합회의 주장은 이유가 없다고 판결합니다.

재판은 인피니티 호텔의 승리로 끝났다. 하지만 인피니티 호텔은 다른 호텔들을 배려하기 시작했다. 그것은 다른 호텔들에 손님들을 먼저 채우고 맨 마지막으로 인피니티 호텔의 방을 채우는 것이었다.

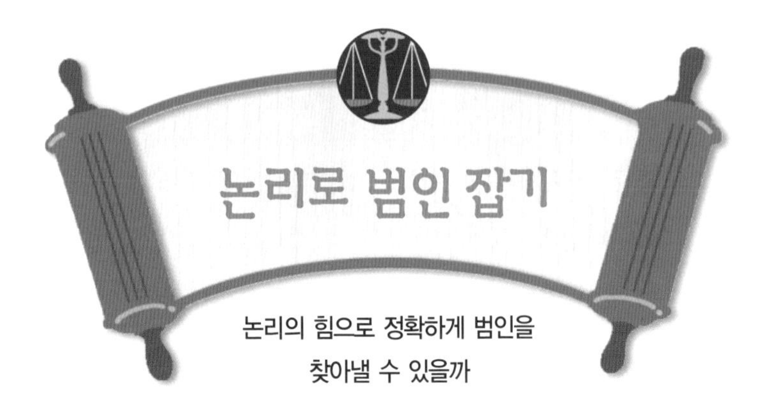

논리의 힘으로 정확하게 범인을
찾아낼 수 있을까

사건 속으로

최근 과학공화국의 로직 시티에는 수학적으로 머리가 좋은 사람들이 모여들었다. 이로 인해 동네마다 수학 클럽들이 생겨 수학을 사랑하는 로직 시티 사람들에게 즐거움을 주었다. 하지만 일부 사람들이 자신의 수학 실력을 이용하여 다른 사람에게 사기를 치는 일이 빈번해졌다. 그리하여 로직 시티의 매쓰캡 특수 기동대는 수학 사기범으로 지목된 세 사람을 잡아들여 심문했다.

서로 친구 사이인 김승법, 이제법, 박감법 씨가 경찰서에 연행되었다. 경찰이 세 사람에게 물었다.

“누가 범인이요?”

“저는 범인이 아닙니다.”

김승법 씨가 말했다.

“김승법이 범인입니다.”

이제법 씨가 김승법 씨를 흘깃 쳐다보며 말했다.

“제가 범인입니다.”

박감법 씨가 고개를 푹 숙이고 말했다.

결국 경찰은 세 사람의 진술에 대해 거짓말 탐지기를 사용하기로 했다. 그랬더니 이 세 사람의 진술 중 두 사람의 진술이 거짓이라는 것을 알아냈다. 하지만 실수로 누구의 진술이 거짓인지를 기재하지 못했다.

결국 경찰은 범인이라고 자백한 박감법 씨와 이제법 씨가 지목한 김승법 씨를 범인으로 결정하고 이제법 씨를 풀어 주었다.

그 후 이 사건의 서류를 검토하던 매쓰 변호사는 박감법 씨가 범인이 아니라는 사실을 발견했고 이 사건은 수학법정에서 다뤄지게 되었다.

논리적으로 서로 반대가 되는 일이 동시에 일어나는 경우
이것을 모순이라고 합니다.

여기는 수학법정 매쓰 변호사는 어떻게 박감법 씨가 범인이 아님을 알아냈을까요? 수학법정에서 알아봅시다.

수학짱 판사

수치 변호사

매쓰 변호사

이번 사건은 피고 박감법 씨가 범인이 아니라고 주장한 매쓰 변호사의 주장에 따라 이루어졌습니다. 이에 대해 수치 변호사는 경찰의 범인 판정에 이의가 없다고 주장합니다. 먼저 수치 변호사, 말씀하세요.

경찰이 수사 과정에서 거짓말 탐지기의 결과를 잃어버린 것은 잘못했지만, 박감법 씨는 거짓말 탐지기와 관계없이 자신의 범죄 사실을 인정했습니다. 자백은 제2의 증거가 될 수 있으므로 박감법 씨가 범인이라고 결정한 경찰 측에는 잘못이 없음을 본 변호사는 주장합니다.

변호인, 변론하세요.

제가 이번 사건의 서류를 보여 주자마자 박감법 씨는 범인이 아니라고 주장한 논리학의 대가인 논리 수학 연구소의 김놀리 소장을 증인으로 요청합니다.

김놀리 소장이 증인석에 앉았다.

증인은 어떻게 제가 보여 준 서류를 보는 즉시 박감법 씨가 범인이 아님을 아셨죠?

수학의 힘으로 알게 되었죠. 수학은 논리적인 학문이 아닙니까?

좀 더 논리적으로 말씀해 주십시오.

세 사람의 진술 중 두 사람의 진술이 거짓이므로 단 한 사람만이 진실을 얘기하고 있습니다.

그게 누구죠?

저는 이 재판에서 누가 범인이라고 말할 수는 없습니다. 하지만 박감법 씨는 틀림없이 범인이 아님을 입증할 수 있습니다.

어떤 이유죠?

만일 박감법 씨의 말이 사실이라고 해 봅시다. 그러면 박감법 씨가 범인이겠죠?

그렇지요.

그런데 이 경우 다른 두 사람, 그러니까 김승법 씨와 이제법 씨의 말은 거짓이 됩니다. 김승법 씨는 자신이 범인이 아니라고 했는데 그게 거짓말이니까, 김승법 씨는 범인이라는 결론을 얻게 됩니다. 하지만 이제법 씨도 거짓말을 하고 있다는 게 중요합니다. 이제법 씨는 김승법 씨가 범인이라고 말했는데 그게 거짓말이라면 김승법 씨는 범인이 아닙니다.

복잡하군요.

그러니까 박감법 씨의 말이 진실이라면 김승법 씨는 범

인이기도 하고 범인이 아니기도 하죠.

그게 말이 됩니까?

말이 안 되죠? 이런 걸 모순이라고 합니다. 이런 모순이 나오게 된 건 박감법 씨의 말이 진실이라고 가정했기 때문입니다. 그러니까 모순이 생기지 않기 위해서는 박감법 씨의 말이 사실이 아니어야 합니다.

아하! 그래서 박감법 씨가 범인이 아니군요. 그렇습니다. 논리적으로 서로 반대가 되는 일이 동시에 일어날 수는 없습니다. 이것을 모순이라고 합니다. 지금 증인이 밝혀 냈듯이 박감법 씨가 범인이라면 논리적으로 모순이 발생합니다. 그러므로 이번 수사가 잘못되었다고 할 수 있습니다.

경찰이 죄 없는 사람을 단순히 증인들의 증언만 믿고 잡아들임으로써 문제가 발생하고 있고, 지금 이 사건도 그 중 하나입니다. 그러므로 논리적으로 모순이 되는 증언 때문에 피해를 입은 박감법 씨에게 경찰은 손해 배상을 할 것을 판결합니다.

재판 후 경찰은 박감법 씨에게 손해 배상을 해 주었고, 매쓰캡에는 논리적으로 생각하는 수학자들에 의해 이루어진 로직 기둥대가 신설되었다.

비둘기 집의 원리

서랍에 좌우를 구별할 필요가 없는 2가지 색깔의 양말이 2켤레 있다고 합시다. 이때 최소 몇 개의 양말을 꺼내면 같은 색으로 맞춰 신을 수 있을까요?

언뜻 생각하면 4개의 양말을 꺼내야 할 것 같지만 사실은 3개의 양말만 꺼내면 됩니다. 양말의 짝을 맞추려면 우선 2개 이상이 필요하지요? 하지만 2개를 꺼냈을 때 두 양말의 색이 다를 수 있습니다. 하지만 3개를 꺼내면 그 중 적어도 2개는 같은 색이 되므로 색을 맞춰 신을 수 있습니다. 이런 것을 비둘기 집의 원리라고 합니다.

예를 들어 비둘기 4마리가 있고 비둘기 집이 3개면, 비둘기가 2마리 이상 들어가는 집이 반드시 생깁니다. 이것도 비둘기 집의 원리 때문입니다. 왜 그러냐고요? 우선 한 집에 한 마리씩 넣어 보죠. 그럼 네 번째 비둘기는 한 마리씩 있는 비둘기 집에 들어가야 하죠? 그러니까 2마리 이상 들어가는 비둘기 집이 반드시 존재하게 됩니다.

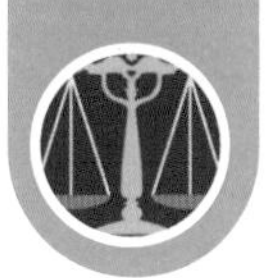

비둘기가 4마리 있고 비둘기 집이 3개면 비둘기가
2마리 이상 들어가는 집이 반드시 생깁니다.

진실섬과 거짓섬

이번에는 논리적으로 다루는 문제를 하나 소개해 보겠습니다. 예를 들어 P섬에 사는 사람들은 오직 진실만 말하고, Q섬에 사는 사람들은 오직 거짓만을 말한다고 합시다. 이 두 섬으로부터 세 사람 A, B, C가 왔는데 A, B 두 사람이 다음과 같이 말했다고 해 보죠.

A: 우리 모두 Q섬에서 왔어요.

B: 우리 중 오직 한 사람만 P섬에서 왔어요.

이때 A, B, C는 각각 어느 섬에서 왔을까요?

예를 들어 A가 P섬에서 왔다고 가정해 봅시다. 그럼 A가 한 말이 진실이죠? A가 뭐라고 말했죠? '모두 Q섬(거짓만을 말하는 섬)에서 왔다' 고 했죠? 그럼 도대체 A는 P섬에서 왔나요, Q섬에서 왔나요? A의 말에 모순이 있죠? 그러니까 A는 P섬에서 오지 않은 거죠. 그러므로 A는 Q섬에서 왔습니다.

이제 A가 Q섬에서 온 경우를 따져 봅시다. A가 한 말이 거짓

이죠? 그럼 모두 Q섬에서 온 것은 아니네요. B가 P섬에서 왔다면 B의 말이 진실이죠? 그럼 오직 한 사람만이 P섬에서 왔으니까 C는 Q섬에서 왔네요. 그러니까 A와 C는 Q섬에서, B는 P섬에서 왔습니다.

이미 답이 결정되었지만 나머지 경우도 따져 봅시다.

A, B 모두 Q섬에서 온 경우는 C가 P섬에서 왔다면 오직 한 명만 P섬에서 왔으니까 B의 말이 진실입니다. 그런데 B는 Q섬에서 왔으니까 거짓말만 한다고 했잖아요? 이런, 문제가 생겼군요.

C가 Q섬에서 왔으면 모두 Q섬에서 왔으니까 A의 말이 진실이네요. 그런데 A가 Q섬에서 왔으니까 A의 말은 거짓이지요. 이것도 말이 안 되는군요.

수학에서는 이렇게 수식을 쓰지 않고 논리적으로 따져 해결하는 문제들도 있습니다. 이런 문제를 잘 해결하기 위해서는 모든 가능한 경우를 잘 따져서 논리적으로 모순이 있는지 확인해 봐야 합니다.

제10장

도형에 관한 사건

최단 거리_ 어느 길이 빠를까

두 지점 사이의 최단 거리는 어떻게 찾을까

평면을 채우는 정다각형_ 정오각형 타일

정오각형의 타일만으로 바닥이 빈틈없이 채워질까

단 한 번에 다리 건너기_ 쾨니스의 다리

7개의 다리를 한 번씩만 건너 모든 다리를 건널 수 있을까

두 지점 사이의 최단 거리는
어떻게 찾을까

사건 속으로

과학공화국 서부의 작은 도시인 스넬 시티는 최근에 갑자기 늘어난 자동차로 인해 주차할 공간을 찾기가 어려웠다. 그래서 교양 과학 출판사에 다니는 최단길 씨는 매일 택시를 타고 출퇴근을 한다.

그날도 최단길 씨는 퇴근 후 출판사 건물 앞에서 택시를 탔다. 한 블록을 지나자 운전석에서 가스가 떨어졌다는 것을 알리는 경보등이 켜졌다. 최단길 씨는 그 사실을 택시 기사에게 알려 주었다.

스넬 시티의 가스 충전소는 3개인데 모두 라인 강가에 있었다. 그러므로 택시가 강 쪽으로 갔다가 돌아 나와 집으로 가야 하는 상황이었다. 그 지역은 택시를 잡기 힘든 곳이어서 최단길 씨는 기사에게 가스를 넣고 집으로 가자고 했다. 3개의 가스 충전소의 위치는 다음과 같았다.

택시 기사 수몰 씨가 말했다.
"가장 가까운 가스 충전소에 들렀다 가겠습니다."
"그 길이 가장 가까운 길인가요?"
"그렇습니다."
이렇게 하여 택시는 그 곳에서 가장 가까운 곳에 있는 A 가스 충전소에 들렀다가 최단길 씨의 집으로 향했다. 집에 도착하여 스넬 시티 지도를 펼치고 거리를 재 보던 최단길 씨는 택시 기사 수몰 씨가 가장 가까운 길을 택하지 않았다는 것을 확인했다.
그리하여 최단길 씨는 수몰 씨를 수학법정에 고소했다.

두 지점 싸이의 최단 거리는 두 지점을 잇는 직선이므로
대칭 위치를 표시하여 최단 거리를 구할 수 있습니다.

여기는 수학법정

어느 주유소를 들렀다 가는 것이 최단 거리가 될까요? 수학법정에서 알아봅시다.

피고 측 말씀하세요.

지도에 보이듯이 최단길 씨가 택시를 탄 지점에서 가장 가까운 가스 충전소는 A 가스 충전소입니다. 그러므로 택시 기사 수몰 씨는 가장 가까운 A 가스 충전소에서 가스를 넣고 가려고 했던 것입니다. 따라서 최단길 씨의 주장은 아무 이유가 없다고 생각합니다.

원고 측 변론하세요.

 일직선 씨를 증인으로 요청합니다.

몸이 일직선으로 곧게 뻗은 사내가 증인석에 앉았다.

 증인이 하는 일을 말씀해 주세요.

 저는 주어진 상황에서 가장 가까운 길을 찾는 연구를 하고 있습니다.

 그것도 수학의 연구 대상입니까?

 물론입니다.

 그럼 수몰 씨가 A 가스 충전소를 들렀다 집으로 간 것이 최단 거리입니까?

그렇지 않습니다.

그럼 어느 가스 충전소를 들러야 최단 거리가 되죠?

B 가스 충전소입니다.

구체적으로 설명해 주시겠습니까?

그림을 보면서 설명하겠습니다.

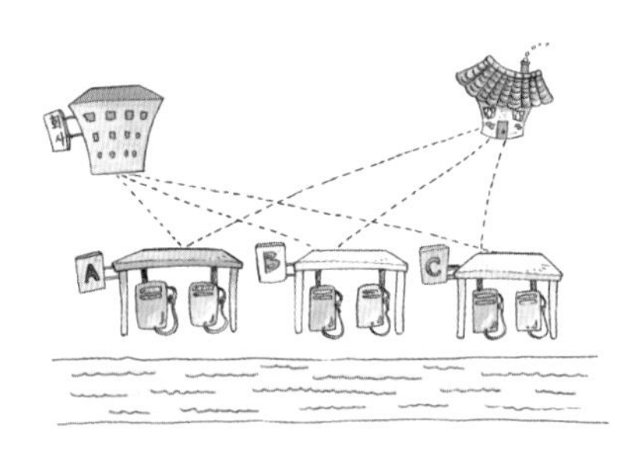

지금 3개의 가스 충전소를 선택했을 때 경로가 보이죠?

네. 하지만 어느 길이 최단 거리인지는 모르겠는데요.

그럴 겁니다. 그러면 다음 그림을 보세요.

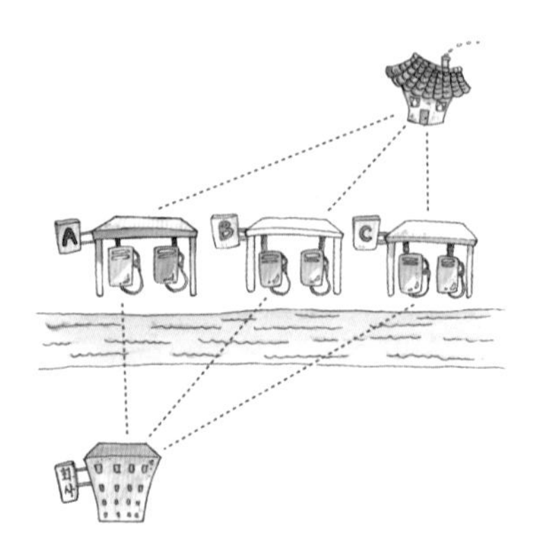

위의 그림에서는 최단길 씨 회사의 위치를 강에 대해 대칭이동시킨 위치를 표시합니다. 그러니까 B 가스 충전소를 지나는 경우가 최단길 씨의 회사에서 집을 연결하는 최단 거리가 되죠. 두 지점 사이의 최단 거리가 되는 경로는 두 지점을 잇는 직선이니까요.

그렇습니다. 이번 사건의 경우 수몰 씨는 강에만 먼저 도착하면 그것이 최단 거리가 될 것이라고 잘못 생각했습니다. 일직선 씨의 증언처럼 회사 위치의 대칭 위치를 표시하면 결국 두 지점 사이의 최단 거리는 B 가스 충전소를 지날 때라는 것이 명백합니다.

판결합니다. 최근 택시 기사와 승객 사이에 지름길을 놔 두고 돌아갔는지를 놓고 실랑이가 벌어지는 일이 종종 있습니다. 택시 기사는 손님을 위한 서비스 업종이므로 손님의 주장이 우선되어야 합니다. 그러므로 손님의 특별한 요구가 없을 때에는 거리가 가장 짧은 길로 손님을 모셔야 합니다. 그런 면에서 수몰 씨에게 책임이 있다는 것이 본 판사의 생각입니다.

재판 후 택시 기사 수몰 씨는 최단길 씨에게 사과하고, B 가스 충전소를 지나 집에 갔을 때보다 더 간 거리에 대한 택시 요금을 돌려주었다.

사건 속으로

정오각 씨는 어떤 도형보다 오각형을 좋아한다. 그중에서도 가장 좋아하는 도형은 자신의 이름과 같은 정오각형이다. 그래서 그의 집에 있는 모든 것들이 오각형이었다. 심지어 침대까지도 오각형이었다.

어느 날 정오각 씨는 화장실 바닥의 타일이 정사각형임을 우연히 발견했다. 오각형을 좋아하는 정오각 씨는 당장 그 타일을 정오각형으로 바꾸고 싶었다. 그는 타일 공사 전문가인 스타일 씨를 불렀다.

"타일을 바꾸려고 하는데요."

"어떤 모양으로 할 거죠?"

"정오각형 타일이었으면 좋겠어요."

"그런 타일은 본 적이 없어요. 저희 가게에 있는 것은 정사각형 타일과 정육각형 타일뿐이에요."

"그럼 주문해서 만들면 되겠네요."

"하지만 돈이 좀 들 텐데요."

"그건 걱정하지 마세요."

며칠 후 스타일 씨는 정오각형 타일을 가지고 정오각 씨의 집에 왔다. 그는 바닥의 타일을 모두 뜯어 내고 정오각형 타일을 연결시켰는데 어떻게 붙여도 타일과 타일 사이에 틈이 생겼다.

스타일 씨는 가능한 한 그 틈을 작게 하여 바닥 공사를 마쳤다. 하지만 틈이 벌어진 타일은 보기에 흉했고 틈 사이에 이물질이 끼여 청소하기가 힘들었다.

바닥 타일 공사에 불만을 느낀 정오각 씨는 타일 공사가 잘못되었다며 스타일 씨를 수학법정에 고소했다.

여기는 수학법정	바닥을 정오각형의 타일로 깔면 타일은 왜 틈이 생길까요? 수학법정에서 알아봅시다.

재판을 시작합니다. 원고 측 변론하세요.

원고인 정오각 씨는 스타일 씨에게 정오각형의 타일로 공사해 달라고 주문했습니다. 그런데 스타일 씨가 솜씨가 형편없어 정오각 타일들 사이에 틈이 벌어지게 공사를 하였습니다. 이로 인해 정오각 씨의 화장실은 보기 흉한 꼴이 되었으므로 정오각 씨가 입은 피해에 대해 스타일 씨가 모두 변상해야 한다고 생각합니다.

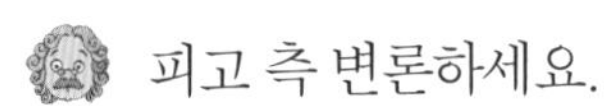

피고 측 변론하세요.

매쓰 대학의 김도형 교수를 증인으로 요청합니다.

김도형 교수가 증인석에 앉았다.

증인의 연구 분야를 말씀해 주십시오.

평면을 채우는 도형에 대한 연구를 하고 있습니다.

그럼 정오각형으로 평면을 빈틈없이 채울 수 있습니까?

불가능합니다. 그림를 보시죠.

그림에 보이는 것처럼 평면을 완전히 빈틈없이 채우는 정다각형은 정삼각형, 정사각형, 정육각형의 세 종류뿐입니다.

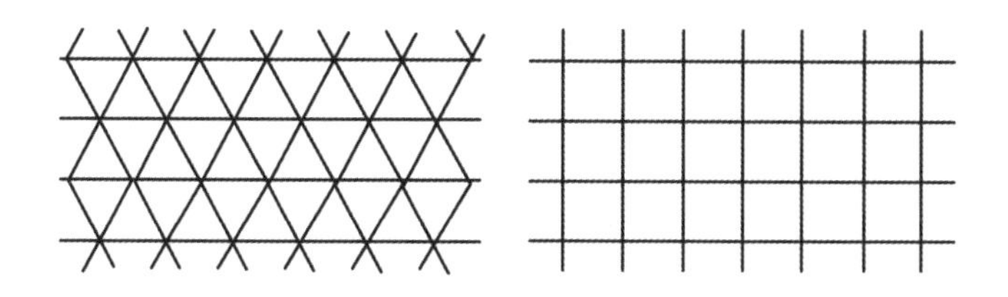

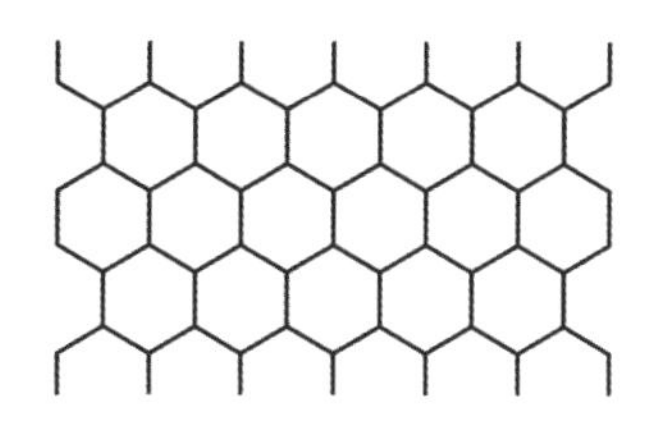

그건 왜죠?

정다각형의 내각의 합 때문입니다.

좀 더 구체적으로 말씀해 주시겠습니까?

정삼각형의 한 내각은 60° 입니다. 그러니까 한 점에 정삼각형 6개가 모이면 360° 가 됩니다. 또 마찬가지로 한 내각이 90° 인 정사각형은 한 점에 4개가 모이면 360° 가 되고, 한 내각의 크기가 120° 인 정육각형은 한 점에 3개가 모이면 360° 가 되어 평면을 완전히 채울 수 있습니다.

그럼 정오각형은 왜 안 되죠?

정오각형의 한 내각의 크기는 108° 입니다. 그러므로 정오각형을 한 점에 어떻게 붙여도 360° 가 나오지 않습니다. 그러니까 틈이 생기게 되지요.

타일에 대해서도 그런 수학이 숨어 있었군요. 지금 증인이 얘기한 것처럼 정오각형을 한 점에 붙여서 360°를 만들 수 없습니다. 이것은 정오각형을 빈틈없이 한 점에 붙일 수 없다는 얘기가 됩니다. 그러므로 이 세상 누구도 정오각형의 타일로 틈이 안 생기게 바닥을 붙일 수는 없습니다. 따라서 원고인 정오각 씨의 요구는 처음부터 불가능한 주문이었으므로 스타일 씨의 무죄를 주장합니다.

판결합니다. 수학적으로 볼 때 정오각형만으로 평면을 빈틈없이 채울 수 없다는 점이 인정됩니다. 또한 원고인 정오각 씨의 요구가 잘못되었음을 인정합니다. 하지만 주문을 받을 때 정오각형의 타일로는 바닥을 빈틈없이 채울 수 없다는 점을 몰라 쓸데없이 타일을 낭비한 스타일 씨에게도 또한 책임이 있다고 판결합니다.

재판 후 스타일 씨는 보기 흉한 정오각 타일을 모두 뜯어 내고 정육각형 타일을 붙여 주었다. 그 후 정오각 씨는 정오각형뿐 아니라 다른 정다각형에도 관심을 가지기 시작했다.

사건 속으로

과학공화국 북부의 쾨니스라는 도시의 강에는 다음 페이지의 그림과 같이 7개의 다리가 있었다.

쾨니스의 이벤트 업체인 쇼브리지는 다음과 같은 이벤트를 벌였다. 모든 다리를 반드시 한 번씩만 지나서 이 다리들을 모두 건너는 사람에게는 자신이 건 돈의 1만 배를 주겠다는 것이었다.

그러니까 1만 원을 건 사람은 1만 원의 1만 배인 1억 원의 상금을 받게 되는 것이었다. 전국에서 이 소식을 들은 많은 참가자들이 쾨니스로 몰려들었다.

매쓰 시티에서 수학 공부방을 운영하는 김수봉 씨도 이 대회에 참가했다. 그는 1만 원을 걸고 도전해 보았지만 실패하고 말았다. 거듭되는 실패로 그는 수백만 원의 돈을 잃었다.

김수봉 씨는 쇼브리지가 사람들에게 사기를 치고 있다며 쇼브리지를 수학법정에 고소했다.

여기는 수학법정

과연 쾨니스의 다리를 한 번씩만 지나 모두 건너는 방법은 없는 걸까요? 수학법정에서 알아봅시다.

수학짱 판사

수치 변호사

매쓰 변호사

피고 측 변론하세요.

지금 원고 김수봉 씨는 자신이 돈을 잃은 것에 대해 쇼브리지에 화풀이를 하는 것 같습니다. 7개밖에 안 되는 다리를 한 번씩 지나서 건너지 못한다는 것은 말이 안 되죠. 아직 건넌 사람이 없어 답은 모르지만, 앞으로 이벤트가 계속되면 누군가 성공하는 사람이 있으리라고 봅니다. 그러므로 원고 측의 주장은 이유가 없다고 생각합니다.

원고 측 변론하세요.

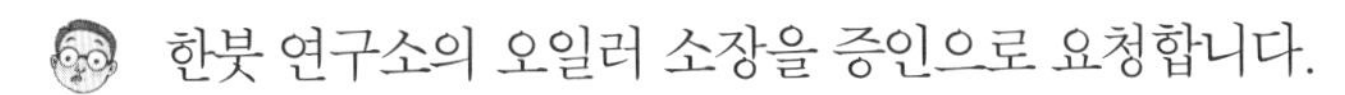

한붓 연구소의 오일러 소장을 증인으로 요청합니다.

오일러 소장이 나와 증인석에 앉았다.

증인이 하는 일을 간단히 설명해 주세요.

저는 선으로 연결되어 있는 도형에 대한 한붓그리기를 연구하고 있습니다.

한붓그리기가 뭐죠?

어떤 도형에 대해 붓을 종이에서 떼지 않으면서 지나간 길을 다시 지나가지 않고 다시 제자리로 돌아오는 것을 한

붓그리기라 합니다. 예를 들어 다음 도형은 한붓그리기가 되는 도형입니다.

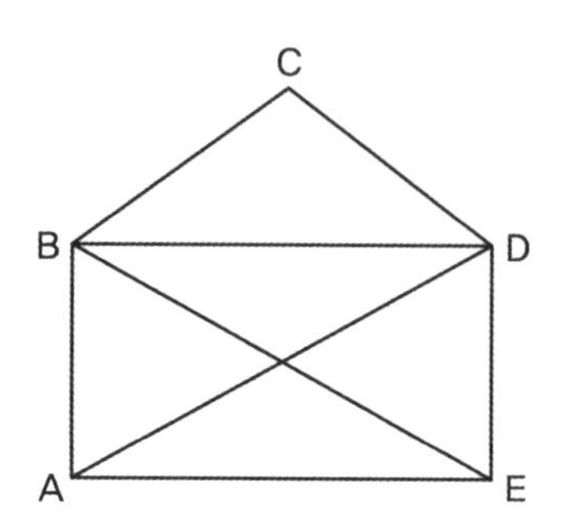

그렇군요. 그럼 쾨니스의 다리에 대해서는 어떻게 생각하십니까?

쾨니스의 다리를 한 번씩만 지나서 모두 건넌다는 것은 불가능한 일입니다.

왜죠?

한붓그리기가 안 되는 도형이기 때문입니다. 쾨니스의 다리를 다시 간단하게 그려보겠습니다.

오른쪽 그림은 뭐죠?

오른쪽 그림에서 점은 A, B, C, D 마을을 나타내고 점과 점 사이의 선은 다리를 나타냅니다.

간단한 도형이 되는군요.

그렇습니다. 이런 도형에서 한붓그리기가 되려면 홀

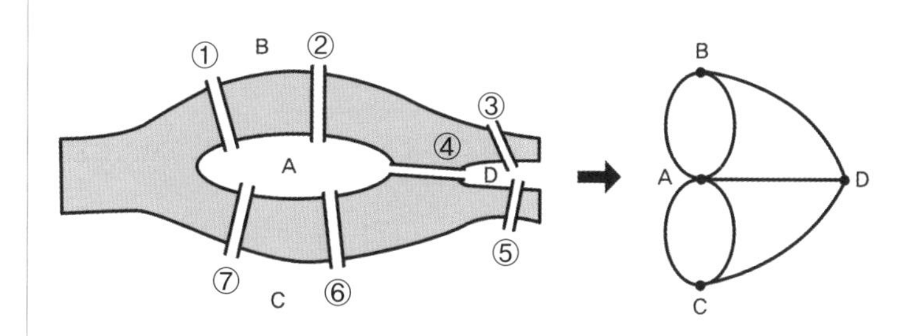

수점의 개수가 없거나 2개이어야 합니다.

홀수점이 뭐죠?

한 점에서 만나는 선의 개수가 홀수인 점을 홀수점이라고 합니다. 그런데 도형을 보면 A, B, C, D 모두 홀수점이므로 홀수점이 4개가 되어 한붓그리기를 할 수 없습니다. 이것은 결국 7개의 다리를 한 번씩만 건너 제자리로 돌아올 수 없다는 얘기가 됩니다.

그렇습니다. 쾨니스의 7개의 다리는 이 세상 누구도 단 한 번씩만 지나 모든 다리를 건널 수 없는 구조입니다. 그러므로 쇼브리지의 이벤트는 아무도 성공할 수 없으므로 사기극이라고 주장합니다.

판결합니다. 물론 쇼브리지가 불가능한 것임을 알고 이벤트를 했다는 증거는 없습니다. 하지만 수학적으로 불가능하다는 것이 알려진 만큼 쇼브리지의 이벤트는 손님들이 무조건 돈을 잃게 되어 있음을 인정합니다. 그러므로 이번 사건에 대해 원고 측의 주장에 일리가 있다고 판결합니다.

재판 후 쇼브리지는 그동안 받은 돈을 사람들에게 돌려주었다. 그날 이후 7개의 다리 입구에는 다음과 같은 글이 쓰여진 팻말이 세워졌다.

"7개의 다리를 한 번씩만 지나 모두 건너는 것은 불가능함!"

오일러의 정리

오일러는 중세 스위스의 유명한 수학자입니다. 그는 독일의 가우스와 더불어 당시 수학을 주도했습니다. 그의 많은 수학적인 업적 중에서 오일러의 정리라는 유명한 정리가 있습니다. 그것을 소개해 보죠.

우선 다음과 같은 두 도형을 보죠.

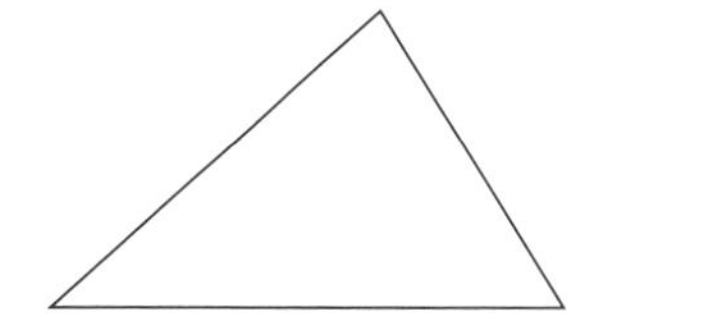

위의 두 도형에 대해 꼭지점, 모서리, 면의 개수를 각각 구해 봅시다.

	꼭지점의 개수	모서리의 개수	면의 개수
삼각형	3	3	1
사각형	4	4	1

모서리의 개수와 꼭지점의 개수가 같지요? 그리고 면의 개수는 항상 한 개입니다. 이렇게 모든 평면도형에 대해서는 다음 공식이 성립합니다.

$$v(\text{꼭지점의 개수})-e(\text{모서리의 개수})+f(\text{면의 개수})=1$$

이것을 평면도형에 대한 오일러의 정리라고 합니다.

이제 입체도형에 대해 알아봅시다.

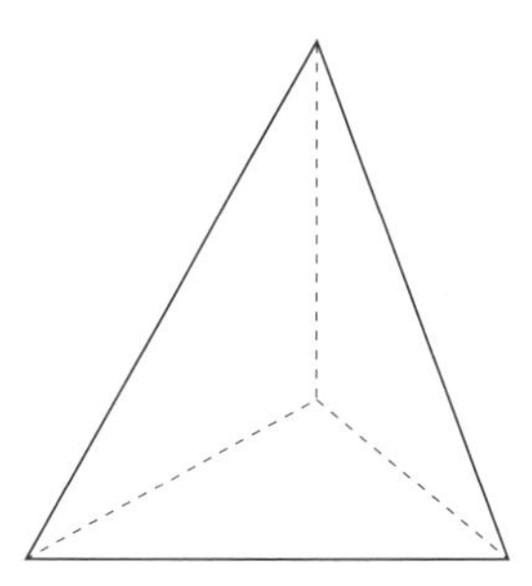

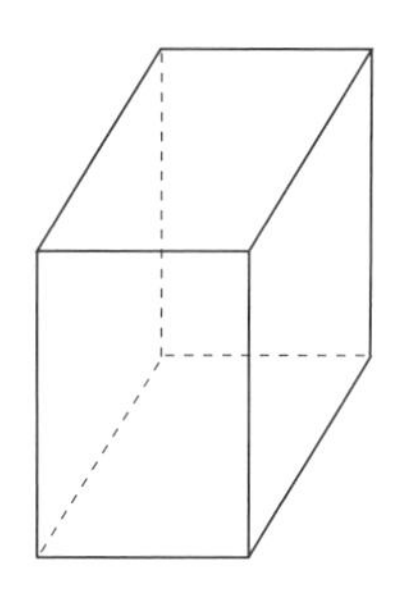

사면체와 육면체가 보이죠? 이제 두 입체도형에 대해 점, 선, 면의 개수를 조사해봅시다.

	꼭지점의 개수	모서리의 개수	면의 개수
사면체	4	6	4
육면체	8	12	6

모든 입체도형에 대해서는 다음 공식이 성립합니다.

v(꼭지점의 개수)$-e$(모서리의 개수)$+f$(면의 개수)$=2$

이것을 입체도형에 대한 오일러의 정리라고 합니다.

수학과 친해지세요

이 책을 쓰면서 좀 고민이 되었습니다. 과연 누구를 위해 이 책을 쓸 것인지 난감했거든요. 처음에는 대학생과 성인을 대상으로 쓰려고 했습니다. 그러다 생각을 바꾸었습니다. 수학과 관련된 생활 속의 사건은 초등학생과 중학생에게도 흥미 있을 거라는 생각에서였지요.

초등학생과 중학생은 앞으로 우리나라가 21세기 선진국으로 발전하는 데 필요로 하는 과학 꿈나무들입니다. 그리고 과학의 발전에 가장 큰 기여를 하게 될 과목이 바로 수학입니다. 하지만 지금의 수학 교육은 논리보다는 단순히 기계적으로 공식을 외워 문제를 푸는 풍토가 성행하고 있습니다.

저는 부족하지만 생활 속의 수학을 학생 여러분의 눈높이에 맞추고 싶었습니다. 수학은 먼 곳에 있는 것이 아니라 우리 주변에 있다는 것을 알리고 싶었습니다. 수학 공부는 논리에서 시작됩니다. 올바른 논리는 수학 문제를 정확하게 해결할 수 있도록 도와주기 때문입니다.